数学建模与数据处理方法及其应用丛书

优化与控制方法及其应用

汪晓银　陈雅颂　任洪宇　吴雄华　等　编著

科 学 出 版 社

北 京

内 容 简 介

  本书通过经典的案例分析，翔实介绍在科学研究和数学建模竞赛中常用的优化控制方法，包括数学规划方法、网络优化、计算机仿真方法、智能优化算法、微分方程与模糊数学等。全书共 5 个部分 25 章，各自独立且相互补充，每一个案例均有详细的计算代码，便于读者自学与应用。

  本书适合数学建模爱好者及优化控制领域的科研工作者学习或参考，也可作为本科生、研究生数学建模竞赛的培训教材。

图书在版编目(CIP)数据

优化与控制方法及其应用/汪晓银等编著. —北京：科学出版社，2021.3
（数学建模与数据处理方法及其应用丛书）
ISBN 978-7-03-068182-9

Ⅰ.①优… Ⅱ.①汪… Ⅲ.①最优化算法②控制方法 Ⅳ.①O242.23 ②O231

中国版本图书馆 CIP 数据核字（2021）第 036892 号

责任编辑：吉正霞 张 湾/责任校对：高 嵘
责任印制：赵 博/封面设计：苏 波

科学出版社 出版
北京东黄城根北街 16 号
邮政编码：100717
http://www.sciencep.com

北京厚诚则铭印刷科技有限公司 印刷
科学出版社发行 各地新华书店经销
*
2021 年 3 月第 一 版 开本：787×1092 1/16
2024 年 3 月第二次印刷 印张：15 1/4
字数：390 000

定价：60.00 元
（如有印装质量问题，我社负责调换）

作 者 简 介

汪晓银，教授，博士，数学建模全国优秀指导教师，中国未来研究会大数据与数学模型专业委员会主任，天津市未来与预测科学研究会副理事长兼大数据分会会长，天津工业大学交叉学科数学建模团队负责人。曾任湖北省现场统计研究会常务理事，湖北省数学学会公共数学专业委员会常务理事。主讲"大学数学实验""数学建模"等课程。主持了 2 项省级教学改革研究项目、省级精品资源共享课程"数学建模"（2014 年）、天津市"课程思政"改革精品课程"数学建模"（2018 年）。主编了教材 3 部，其中《数学建模与数学实验》（第二版）为"十二五"普通高等教育本科国家级规划教材。1 项教学成果获得湖北省教学成果奖二等奖（2018 年），1 项成果获得"纺织之光"中国纺织工业联合会教学成果奖三等奖（2019 年）。先后 2 次在全国数学建模大会上做了主题报告（2014 年，武汉；2011 年，长春）。主持或参与国家自然科学基金、国家社会科学基金、教育部、农业农村部等省部级以上项目 12 项，发表论文 60 余篇，出版专著 2 部。2 项科研成果分别获得广东省哲学社会科学优秀成果奖一等奖和湖北省科技进步奖三等奖。

陈雅颂，天津工业大学数学实验中心主任，博士，主要从事信号处理、图像加密、材料学等领域的应用研究。主持完成多项教改课题，参与国家自然科学基金项目 3 项、天津市自然科学基金项目 2 项、中国科学院项目 1 项、天津市国家重点实验室项目 1 项。指导学生获得全国大学生数学建模竞赛国家二等奖 3 项，获得美国数学建模比赛一等奖 1 项、二等奖 6 项，获得研究生建模国家二等奖 1 项。

任洪宇，中国科学院微电子研究所研究生，本科毕业于天津工业大学电子与信息工程学院。曾经 2 次获得全国大学生数学建模竞赛国家级一等奖。

吴雄华，天津工业大学副教授，数学建模全国优秀指导教师。长期主讲"数学建模""数学实验"等课程。指导学生获得包括全国大学生数学建模竞赛国家级一等奖、二等奖在内的 20 多个奖项。获得天津市、中国纺织工业联合会教学成果奖 4 项。参与包括国家自然科学基金在内的科研项目 6 项，发表论文 10 余篇。

《优化与控制方法及其应用》

编 委 会

前　言

　　"数学建模"是将实际问题转化为数学问题并通过编程计算加以解决的数学应用课程，其在各个学科中均有着广泛的需求，如纺织科学、人工智能、材料工艺、机械制造、生物医学、生态环境、经济管理等。工科院校因通常重视工科，理科软硬件基础条件相对薄弱，在数学建模教学上或多或少面临着诸多难题：课程单一、师资匮乏、模式落后、知识脱节，导致学生在数学应用能力、创新能力上有所不足。

　　2016 年以来，为解决上述教学问题，天津工业大学数学建模团队依托创新创业数学建模课程建设，遵循数学建模教学的特点，以教学改革、课程建设为契机，首创了"三促四融，五能并举"的人才培养教学模式，即以就业、科研、竞赛来促进教学（三促）；加强多种数学方法内部的互通互融（知识融通）、数学与工科的交叉融合（理工融合）、数学知识的实践创新（实践融炼）、思想政治教育融入数学建模课堂教学内外（思政融入）（四融）。实践表明，该教学模式科学、规范、高效、持续，可以培养学生能实践（竞赛、科研）、能创新（新思想、新方法）、能吃苦（意志坚定）、能协作（团队精神）、能创业（产品研发、就业）的能力（五能），为培养胸怀经纬、求真务实、品高学优、工勤业精、具有创新精神的高质量本科人才提供了一个有效途径。

　　教学改革五年来，天津工业大学数学建模取得了显著的进步。2016～2020 年，在全国大学生数学建模竞赛中，共获得国家级一等奖 9 项，国家级二等奖 29 项；在美国大学生数学建模竞赛中，获得特等奖 2 项、一等奖 69 项、二等奖 187 项。竞赛综合成绩位居全国高校前列。

　　本书是近几年来天津工业大学参加数学建模竞赛的本科生在数学建模学习、竞赛、科研中的学习总结。天津工业大学的数学建模人才培养，始终将学生的创新创业能力放在首位，力求通过系统、科学、严格的科研培训，努力提高学生的学术研究能力和解决实际问题的能力。本书中的案例几乎全部来自学校科研训练项目，以及大学生数学建模竞赛、研究生数学建模竞赛、美国数学建模竞赛赛题。研究的方法主要集中在数学规划、微分方程、模糊数学、计算机仿真等领域。所有计算代码均经过检验，内容简洁通俗，便于自学。

　　本书共 5 个部分 25 章，第 1 章由电气工程与自动化学院师聪供稿，第 2 章由电子与信息工程学院张洋和数学科学学院张梦婷供稿，第 3 章由经济与管理学院李璐、机械工程学院龚忠伟和数学科学学院陈景生供稿，第 4 章由数学科学学院姚若愚、化学与化工学院迟滢和数学科学学院张羽静供稿，第 5 章由数学科学学院索晓雯、计算机科学与技术学院缪亚泰供稿，第 6 章由电气工程与自动化学院樊启昌、贾珺然、高其昌供稿，第 7 章由电子与信息工程学院张瓯、孙振涛供稿，第 8 章由电子与信息工程学院谭圣哲、魏雨欣、李文博供稿，第 9 章由计算机科学与技术学院王殊、蔡文天供稿，第 10 章由数学科学学院朱文辉、张金成和电子与信息工程学院原溪晨、赖珏竹供稿，第 11 章由物理科学与技术学院徐策、电子与信息工程学院刘宗洋、经济与管理学院丁辛、机械工程学院朱玉婷供稿，第 12 章由电气工程与自动化学院赵佳朋、数学科学学院崔满和唐一笑供稿，第 13 章由电子与信息工程学院许立达、强旭红供稿，第 14 章由数学科学学院刘玉莹、计算机科学与技术学院贾玉哲供稿，第 15 章由机械工程学院刘潇乾、杨凯供稿，第 16 章由经济与管理学院田润昊、数学科学学院陈宇捷和刘一璠供稿，第 17 章由电子与信息工程学院刘欧阳、生命科学学院连欣、经济与管理学院李泽平、电子与信息工程学院黄树钦供稿，第 18 章由电子与信息工程学院任帅、刘成、张二阳供稿，第 19 章由数学科学学院刘思远、经济与管理学院郑雨姗、数学科学学院李佩瑾供稿，第 20 章由计算机科学与技术学院李丹阳、王明迁、齐胜菲和电子与信息工程学院李劲及计算机科学与技术学院廖松供稿，第 21 章由经济与管理学院李聪、电子与信息工程学院党佳浩和刘炳楠供稿，第 22 章由电气工程与自动化学院李杨清、曹百亨、孟云飞供稿，第 23 章由数学科学学院马丁、电子与信息工程学院高嘉琪供稿，第 24 章由电气工程与自动化学院张敬川和李洪威、数学科学学院李紫薇供稿，第 25 章由电气工程与自动化学院张亚宾、化学与化工学院颜嘉鑫、计算机科学与技术学院柴志菲供稿。

　　本书的出版得到了天津市高等学校创新团队（非线性分析与优化及其应用）、天津市"十三五"重点学科（数学）、天津市特色学科群的大力支持，在此表示感谢！

　　本书所涉及的计算代码、竞赛赛题将放在天津工业大学数学科学学院的"数学建模"栏目。由于作者水平有限，书中内容和计算代码难免有疏漏，恳请来信至 wxywxq@126.com，不胜感激。

作　者
2020 年 11 月 10 日于天津

目　录

第 2 部分　网络优化

第3部分　计算机仿真方法

第 5 部分　微分方程与模糊数学

第1部分　数学规划方法

在现实生活中，人们经常遇到这样一类决策问题：在一系列客观或主观限制条件下，寻求使所关注的某个或多个指标达到最大（或最小）的决策。这种决策问题通常称为最优化问题。解决这类问题的方法称为最优化方法，又称数学规划，它是运筹学里一个十分重要的分支。

最优化问题的数学模型的一般形式为

$$\text{opt}\quad z = f(x) \qquad\qquad ①$$

$$\text{s.t.}\begin{cases} h_i(x) = 0 & (i = 1, 2, \cdots, l) \\ g_j(x) \leqslant 0 & (j = 1, 2, \cdots, m) \\ t_k(x) \geqslant 0 & (k = 1, 2, \cdots, n) \\ x \in D \subseteq R^* \end{cases} \qquad ②$$

opt 是最优化（potimization）的意思，可以是求最小 min 或求最大 max，s.t. 是"受约束于"（subject to）的意思。

模型包含三个要素：决策变量（decision variable）、目标函数（objective function）、约束条件（constraint condition）。式②所确定的 x 的范围称为可行域（feasible region），满足式②的解 x 称为可行解（feasible solution），同时满足式①、式②的解 x^* 称为最优解（optimal solution），整个可行域上的最优解称为全局最优解（global solution），可行域中某个领域上的最优解称为局部最优解（optimal solution）。最优解所对应的目标函数值称为最优值（optimal value）。

不同优化模型的求解方法及求解难度有很大的不同，可按如下方法对模型进行分类。

按有无约束条件模型可分为：①无约束优化（unconstrained optimization），这类问题蕴含了重要的寻优计算方法；②约束优化（constrained optimization），大部分实际问题都是约束优化问题。

按决策变量取值是否连续，模型可分为如下几类。

（1）数学规划（mathematical programming）或连续优化（continuous optimization），

可继续划分为线性规划（linear programming，LP）和非线性规划（nonlinear programming，NLP）。在非线性规划中有一种规划叫作二次规划（quadratic programming，QP），二次规划问题的目标为二次函数，约束为线性函数。

（2）离散最优化（discrete optimization）或组合优化（combinatorial optimization）。这类优化问题中包含一种常用的优化：整数规划（integer programming，IP），整数规划中又包含很重要的一类规划，即 0-1（整数）规划（zero-one programming），这类规划问题的决策变量只取 0 或者 1。

在求解组合优化问题中，出现了很多现代优化计算方法。

按目标的多少，模型可分为单目标规划和多目标规划。

按模型中参数和变量是否具有不确定性，模型可分为确定性规划和不确定性规划。

按问题求解的特性，模型可分为目标规划、动态规划、多层规划、网络优化等。

在本部分中，将重点介绍线性规划、非线性规划、多目标规划和目标规划的模型建立及求解方法。

1 露天矿生产车辆安排的目标规划模型和评价

本文针对露天矿生产产量与车辆安排最优化问题，多个目标之间存在的优先级关系，首先按照优先级排序，再以偏差变量为目标函数，将铲位产量、电铲总数和质量限制等作为约束条件建立目标规划模型。利用按优先级别高低依次求解的方式将其转化为单目标规划，使用 LINGO 软件对此目标规划进行求解，计算出各线路运输车次，转化为运输车次安排的一维装箱问题，再将最优物流转化为所需工作时，分为整数、小数部分分别优化，利用 MATLAB 累加运输时间后进行组合优化，求出各个路线上的派车方案，对露天矿生产的车辆安排给出合理的规划，具体方案见模型求解结果。

1.1 引　　言

露天矿的生产调度，可以划分成许多种类型，但无论怎样最后都要牵涉到车辆的调度安排这样一个组合问题，虽然我国的露天矿用上了智能化软件进行管理，但水平还需要提高，应用面也需要扩大，矿业生产迫切需要这方面的成果。针对这方面问题进行深入研究是很有实际意义的。面对既要选择铲位，又要考虑产量、品位限制及车辆不等待等诸多要求，本文将问题分为几个阶段用不同方法处理，达到了满意的效果。

1.2 数据来源与问题假设

以 2003 年全国大学生数学建模竞赛的 B 题中第二问的解题为例，介绍目标规划在数学建模竞赛中的应用。

首先为了方便问题的求解，做出一些合理的假设：

（1）空载与重载的速度都是 28 km/h，耗油相差却很大，因此总运量只考虑重载运量，且卡车可以提前退出系统。原因是运输完成后，停车降低油耗。

（2）在确定生产计划时，不考虑随机因素的影响，即装车与卸车的时间严格遵守题目所给的时间。原因是避免装车造成拥堵现象。

（3）在运输过程中道路、卡车、司机不会发生意外状况。原因是保证卡车一天的工作总量是固定的。

（4）一个班次铲车和卡车同一时刻开始工作，工作 8 h 后在同一时刻结束工作。原因是保证卡车初始时刻直接开始工作，不会出现工时浪费。

1.3　问题的分析

要求在卡车不出现阻塞等待的前提下，利用现有总数不超过 20 的车辆进行运输，进而获得最大产量（岩石产量优先，使总运量尽可能小）的车辆安排方案。针对此问题，应该采用两个阶段的规划，第一阶段是一个多目标问题，目标函数为岩石产量、矿石产量和总运量，且三个目标函数以优先级从大到小进行排序，选用目标规划模型进行求解，进而得到最优物流方案。第二阶段即已知最优物流，求车辆安排，类似于一维装箱问题，将最优物流转化为所需工作时，分为整数、小数部分分别组合优化，利用 MATLAB 累加运输时间后进行组合优化，求出各个路线上的派车方案。

1.4　模型的建立与求解

1.4.1　第一阶段：计算最佳物流

1. 最佳物流模型的建立

针对满足岩石产量最大、矿石产量最大和总运量最小的多目标问题建立目标规划模型，其中以岩石产量偏差、矿石产量偏差和总运量偏差为目标函数，以运送总车次、铲位最大产量、电铲总数、铲位产量、产量需求、卸车量、质量限制、卡车总数与柔性约束为约束条件，建立模型，进行求解。

目标函数：要保证岩石产量最大、矿石产量最大和总运量最小，可将目标函数写成偏差变量的函数，设 d_1 为岩石产量偏差，d_2 为矿石产量偏差，d_3 为总运量偏差，则有

$$
\begin{cases}
d_1^-：岩石产量负偏差 \\
d_1^+：岩石产量正偏差 \\
d_2^-：矿石产量负偏差 \\
d_2^+：矿石产量正偏差 \\
d_3^-：总运量负偏差 \\
d_3^+：总运量正偏差
\end{cases}
$$

目标函数为

$$\min z = P_1 d_1^- + P_2 d_2^- + P_3 d_3^+ \tag{1.1}$$

式中：P_1 为岩石产量优先因子，表示将目标岩石产量列为第一优先级；P_2 为矿石产量优先因子，表示将目标矿石产量列为第二优先级；P_3 为总运量优先因子，表示将目标总运量列为第三优先级。

约束条件如下。

（1）运送次数约束。首先从 j 铲位到 i 卸点卡车行驶一个周期（装车时间、卸车时间、两次路途时间）的时间是

$$T_{ij} = \frac{d_{ij} \cdot 2 \times 60}{28} + 8 \tag{1.2}$$

式中：d_{ij} 为该铲位到对应卸点之间的距离；卡车速度为 28 km/h。

卡车在不发生堵车的情况下最多能同时运输的数量 A_{ij} 为

$$A_{ij} = \lfloor T_{ij} / 5 \rfloor \tag{1.3}$$

每辆卡车在该线路上最多运行次数 B_{ij} 为

$$B_{ij} = \left\lfloor \frac{8 \times 60 - (A_{ij} - 1) \times 5}{T_{ij}} \right\rfloor \tag{1.4}$$

式中：$(A_{ij} - 1) \times 5$ 为从开始装车到最后一辆的等待时间。

卡车在某一条线路上的运行次数应小于一个班次中某条线路上的最多运行次数，即

$$C_{ij} \leqslant A_{ij} \times B_{ij} \quad (i = 1, 2, \cdots, 5; j = 1, 2, \cdots, 10) \tag{1.5}$$

式中：C_{ij} 为卡车在某一条线路上的运行次数。

（2）铲位产量限制。每个铲点的装车次数小于铲位最大装车次数，即

$$\sum_{i=1}^{5} C_{ij} \leqslant s_j \cdot \frac{8 \times 60}{5} \quad (j = 1, 2, \cdots, 10) \tag{1.6}$$

式中：s_j 为 0-1 变量，用来判断该铲点处是否有铲车；$8 \times 60 / 5$ 为一个班次内铲车最大工作次数。

（3）电铲总数限制。一个班次内铲车数量最多为 7 台，即

$$\sum_{j=1}^{10} s_j \leqslant 7 \tag{1.7}$$

（4）卡车总数约束。在一个班次内总的卡车数不超过 20 辆，即

$$\sum_{i=1}^{5} \sum_{j=1}^{10} \frac{C_{ij}}{B_{ij}} \leqslant 20 \tag{1.8}$$

（5）铲位产量限制。每个铲位的矿石量和岩石量的最大量限制为

$$\begin{cases} \sum_{i=1,2,5} C_{ij} \leqslant \dfrac{K_j}{154} & (j = 1, 2, \cdots, 10) \\ \sum_{i=3}^{4} C_{ij} \leqslant \dfrac{F_j}{154} & (j = 1, 2, \cdots, 10) \end{cases} \tag{1.9}$$

式中：K_j 为第 j 个铲位的矿石量；F_j 为第 j 个铲位的岩石量。

（6）卸车量约束。因为每个班次最大卸货次数为 $8 \times 60 / 3$，所以每个卸点的总运输次数限制为

$$\sum_{j=1}^{10} C_{ij} \leqslant \frac{8 \times 60}{3} \quad (i = 1, 2, \cdots, 5) \tag{1.10}$$

（7）产量需求约束。一个班次内各个卸点产量的最低要求为

$$\sum_{j=1}^{10} C_{ij} \geqslant \frac{Q_j}{154} \quad (i=1,2,\cdots,5) \tag{1.11}$$

式中：Q_j 为第 j 个卸点的产量需求。

（8）质量限制约束。矿石卸点所运输的矿石都应满足矿石卸点的铁含量需求（29.5±1）%，即

$$\begin{cases} \sum_{j=1,2,5}^{5} \left(0.305 - \mathrm{TL}_{ij} \cdot C_{ij}\right) \geqslant 0 \quad (i=1,2,\cdots,10) \\ \sum_{j=1,2,5}^{5} \left(0.285 - \mathrm{TL}_{ij} \cdot C_{ij}\right) \leqslant 0 \quad (i=1,2,\cdots,10) \end{cases} \tag{1.12}$$

式中：TL_{ij} 为 i 号矿点铁含量（小数表示）。

（9）柔性约束。岩石产量尽可能接近给定岩石产量，即

$$\sum_{i=3}^{4}\sum_{j=1}^{10} C_{ij} + d_1^- - d_1^+ = 320 \tag{1.13}$$

式中：320 为卸点的最大卸载量。

矿石产量尽可能接近给定矿石产量，即

$$\sum_{i=1,2,5}^{5}\sum_{j=1}^{10} C_{ij} + d_2^- - d_2^+ = N_2 \tag{1.14}$$

式中：N_2 为任意给定矿石运输次数。

总运量尽可能接近给定总运量，即

$$\sum_{i=1}^{5}\sum_{j=1}^{10} 154 \cdot d_{ij} C_{ij} + d_3^- - d_3^+ = 0 \tag{1.15}$$

2. 最佳物流模型的求解

针对此目标规划问题，采用序贯式算法，以优先级从高到低的顺序进行多次单目标计算。每次计算时将优先级较高的优化计算结果作为优先级较低的优化计算的刚性约束，即按级别高低依次求解，优先级高的最优解求出后作为该目标偏差的上界添加到低级别问题中作为约束条件，再对低级规划问题求解。

第一步：只保留岩石产量负偏差为目标函数，进行单独求解，得出岩石产量负偏差为0，即岩石最大产量为每个班次320车。

第二步：将岩石产量等于320作为刚性约束加入约束条件，只保留矿石产量负偏差为目标函数，任取 $N_2=1000$ 进行求解，得出矿石产量负偏差为660，即矿石产量最大为每班次340车。

第三步：只保留总运量正偏差最小为目标函数，将岩石产量等于320，矿石产量为340作为柔性约束加入约束条件，进行目标优化，求解出最小总运量为142 385.3 t/km。

由s_j得到在1、2、3、4、8、9、10处分别放置铲车，同时得到最优物流方案C_{ij}，见表1.1。

表1.1 最优物流方案

车	铲位1	铲位2	铲位3	铲位4	铲位8	铲位9	铲位10
矿石漏	0	0	38	0	24	18	0
倒装场I	16	54	22	68	0	0	0
岩场	0	0	0	0	12	74	74
岩石漏	80	28	32	20	0	0	0
倒装场II	0	14	4	0	60	0	22

1.4.2 第二阶段：优化最优车辆安排

1. 最优安排模型的建立

以一个班次所需时间为单位，t_{ij}为卡车在铲位与卸点之间运输所需单位工时，则

$$t_{ij}=\frac{C_{ij}}{\left\lfloor\frac{8\times60-(d_{ij}-1)\times5}{T_{ij}}\right\rfloor} \quad (i=1,2,\cdots,5; j=1,2,\cdots,10) \qquad (1.16)$$

将车次单位工作时当作物品，卡车当作箱子，使每辆卡车利用率最高，来保证卡车数最少；一个班次8 h内一辆卡车最多工作一个工时，即箱子容量是一个单位工时，完成i铲位与j卸点所需工作时为t_{ij}，工时的整数部分为$\lfloor t_{ij}\rfloor$（$t_{ij}>0$），小数部分为$t_{ij}-\lfloor t_{ij}\rfloor$，进而可以优先分配$\lfloor t_{ij}\rfloor$辆车在$t_{ij}$线路上，所以应当以整数部分和小数部分分别规划。

整数部分为第一次规划，因为必须占用一个工作时，所以分配$\lfloor t_{ij}\rfloor$辆车在t_{ij}线路上运输，运输的总车次为

$$\text{sum1}=\lfloor t_{ij}\rfloor \qquad (1.17)$$

剩余各矿点的物流运次为

$$\text{T1}_{ij}=(C_{ij}-\lfloor t_{ij}\rfloor\cdot B_{ij}) \quad (i=1,2,\cdots,5; j=1,2,\cdots,10) \qquad (1.18)$$

之后对剩余物流即小数部分进行第二次规划，可分为两步：①有共同卸点（矿点）的联合派车方案（主要考虑V字形，图1.1）；②铲位不同且卸点不同的联合派车方案（Z字形，图1.2）。派车方案在返回矿点时空载部分的时间要尽量小（即矿点之间不能随意切换运输路径，直到该矿点的物流全部运输完成），才能实现重载路程最小且卡车空载路程最小。

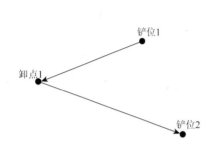

图 1.1　卡车运行 V 字形路线

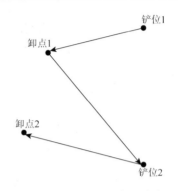

图 1.2　卡车运行 Z 字形路线

第一步，由于卸点数量小于矿点数量，选用共同卸点的联合派车方案，即针对 i 卸点，卡车以卸点为终点依次进行在不同矿点的运输，运输次数为 $n1_i$，记卡车第一次到达的矿点与卸货卸点之间的距离为 d_i，则

$$n1_i = \left\lfloor \dfrac{\sum\limits_{j=1}^{10} T_{ij} \cdot T1_{ij} - \dfrac{d_i \times 60}{28}}{8 \times 60} \right\rfloor \tag{1.19}$$

式中：$T1_{ij}$ 为剩余各矿点的物流运次；T_{ij} 为货车运行一个周期所需时间；$\sum\limits_{j=1}^{10} T_{ij} \cdot T1_{ij} - \dfrac{d_j \times 60}{28}$ 表示第一次运输完成时发生了道路切换，在第二次规划中第一步运输的总运输次数为

$$\text{sum2} = \sum_{i=1}^{5} n1_i \tag{1.20}$$

已知总运输次数与第二次规划最佳物流类似于一维装箱问题，利用 MATLAB 依次计算每次运输时间，累加求和进行班次安排，与第一次规划过程类似，得到剩余物流运次 $T2_{ij}$ 和第二次规划第一步派车情况。

对第二次规划第二步，考虑铲位不同且卸点不同的联合派车方案，由以上易知，第二步下的车次应不超过 5。第 i 个卸点第一次运输的矿点距离为 $D_\eta (\eta = 1,2,\cdots,5)$，第 i 个卸点最后一次运输的矿点距离为 $D_\zeta (\zeta = 1,2,\cdots,5)$，记 i 卸点到 $i-1$ 卸点第一次运输的矿点距离为 $D_\tau (\tau = 1,2,3,4)$，在不同卸点之间切换时，总的距离增加

$$\Delta d = \sum_{\tau=1}^{4} D_\tau + \sum_{\eta=1}^{5} D_\eta - \sum_{\zeta=1}^{5} D_\zeta \tag{1.21}$$

本次优化组合比较简单，针对 5 个卸点，卡车以不同卸点为终点依次在不同矿点进行运输，运输次数 $n2_i$ 为

$$n2_i = \dfrac{\sum\limits_{j=1}^{10} T_{ij} \cdot T2_{ij} - \dfrac{\Delta d \times 60}{28}}{8 \times 60} \tag{1.22}$$

若 $\lfloor n2_i \rfloor \neq n2_i$，第二步下运输车次 $\text{sum3} = n2_i + 1$；若 $\lfloor n2_i \rfloor = n2_i$，第二步下运输车次 $\text{sum3} = n2_i$。

与第一阶段不同的是，在第一阶段的基础上对不同矿点、不同卸点之间的切换要多考

虑切换时间 $A_{i+1,j} - A_{i,j}$，依次计算每次运输时间，累加求和得到班次安排，还可以计算出最后一辆车的空闲时间。综上所述，总的运输车次数量为

$$sum = sum1 + sum2 + sum3 \qquad (1.23)$$

2. 最优安排模型的求解

首先利用矿石车次与岩石车次在 MATLAB 中计算矿石产量 Q_1 与岩石产量 Q_2，Q_1 为 52 360 t，Q_2 为 49 280 t。第一次规划的结果，固定路线派车方案见表 1.2。

表 1.2 固定路线派车方案

车	铲位 1	铲位 2	铲位 3	铲位 4	铲位 8	铲位 9	铲位 10
矿石漏	0	0	2	0	0	0	0
倒装场 I	0	1	0	1	0	0	0
岩场	0	0	0	0	0	2	1
岩石漏	1	0	0	0	0	0	0
倒装场 II	0	0	0	0	1	0	0

注：如第二行第四列表示有 2 辆车负责铲位 3 向矿石漏运输。

共计有 9 辆货车位于该固定线路上进行物流运输，剩余车次为最优运输次数（表 1.1）减去相对位置车辆数（表 1.2）乘最大运输次数（表 1.3），结果见表 1.4。

表 1.3 车辆一个工作日对应最大运输次数

车	铲位 1	铲位 2	铲位 3	铲位 4	铲位 8	铲位 9	铲位 10
矿石漏	14	15	17	18	22	23	25
倒装场 I	29	38	29	36	35	26	33
岩场	13	14	14	16	20	19	25
岩石漏	44	30	35	29	23	24	17
倒装场 II	17	18	19	21	26	23	41

表 1.4 第一次规划剩余车次

车	铲位 1	铲位 2	铲位 3	铲位 4	铲位 8	铲位 9	铲位 10
矿石漏	0	0	4	0	24	18	0
倒装场 I	16	16	22	32	0	0	0
岩场	0	0	0	0	12	0	29
岩石漏	36	28	32	20	0	0	0
倒装场 II	0	14	4	0	29	0	22

第二次规划共计有 9 辆货车位于同一卸点、不同矿点线路上进行物流运输联合派车，第一步派车方案见表 1.5，剩余车次见表 1.6。

表 1.5　第二次规划第一步派车方案

车	铲位 1	铲位 2	铲位 3	铲位 4	铲位 8	铲位 9	铲位 10
矿石漏	0	0	（10）4	0	（10）23	0	0
倒装场 I	（11）16	（11）16	（11）1（12）21	（12）11	0	0	0
岩场	0	0	0	0	（13）12	0	（13）25
岩石漏	（14）36	（14）6（15）22	（15）10（16）22	（16）11	0	0	0
倒装场 II	0	（17）14	（17）4	0	（17）3（18）26	0	（18）9

注：如第五行第三列表示第 14 辆车运输 6 次，第 15 辆车运输 22 次。

表 1.6　第二次规划第一步剩余车次

车	铲位 1	铲位 2	铲位 3	铲位 4	铲位 8	铲位 9	铲位 10
矿石漏	0	0	0	0	1	18	0
倒装场 I	0	0	0	21	0	0	0
岩场	0	0	0	0	0	0	4
岩石漏	0	0	0	9	0	0	0
倒装场 II	0	0	0	0	0	0	13

第二步，有 2 辆货车位于不同卸点、不同矿点线路上进行物流运输联合派车，将剩余车次进行划分，见表 1.7，还能计算出最后一辆车的空闲时间为 3.37 h。

表 1.7　第二次规划第二步派车方案

车	铲位 1	铲位 2	铲位 3	铲位 4	铲位 8	铲位 9	铲位 10
矿石漏	0	0	0	0	（19）1	（19）18	0
倒装场 I	0	0	0	（19）21	0	0	0
岩场	0	0	0	0	0	0	（19）1（20）3
岩石漏	0	0	0	（20）9	0	0	0
倒装场 II	0	0	0	0	0	0	（20）13

1.4.3　最终结果

综上所述，总共调运卡车 20 辆，分别在 1、2、3、4、8、9、10 号铲位放置铲车，矿石产量 Q_1 为 52 360 t，岩石产量 Q_2 为 49 280 t，最小总运量为 142 385.3 t/km。以 X_i（$i=1,2,\cdots,10$）表示铲位，Y_j（$j=1,2,\cdots,5$）表示卸点，综合表 1.2、表 1.3、表 1.5、表 1.7 可得 20 辆卡车的运输安排见表 1.8。

表 1.8　最终运输安排

车号	路线	趟数	车号	路线	趟数	车号	路线	趟数	车号	路线	趟数
1	X1→Y4	44	2	X2→Y2	38	3	X3→Y1	17	4	X3→Y1	17
5	X4→Y2	36	6	X8→Y5	31	7	X9→Y3	37	8	X9→Y3	37
9	X10→Y3	45	10	X3→Y1 X8→Y1	4 23	11	X1→Y2 X2→Y2 X3→Y2	16 16 1	12	X3→Y2 X4→Y2	21 11
13	X8→Y3 X10→Y3	12 25	14	X1→Y4 X2→Y4	36 6	15	X2→Y4 X3→Y4	22 10	16	X3→Y4 X4→Y4	22 11
17	X2→Y5 X3→Y5 X8→Y5	14 4 3	18	X8→Y5 X10→Y5	14 4 3	19	X8→Y1 X9→Y1 X4→Y2 X10→Y3	1 18 21 1	20	X10→Y3 X4→Y4 X10→Y5	3 9 13

1.5　总　　结

　　露天矿生产产量与车辆安排最优化问题按照优化级对多个目标排序，再以偏差变量为目标函数，以铲位产量、电铲总数和质量限制等为约束条件建立目标规划模型。求解计算出各线路运输车次见表 1.1，转化为运输车次安排的一维装箱问题，利用 MATLAB 累加运输时间后进行组合优化，对车辆安排给出合理规划，具体结果见表 1.8。模型的适应性强，可以用于物流优化等其他运输问题上。

　　将约束条件是目标规划的目标之一的约束要求称为目标规划模式，其特点是带有偏差变量的等式约束。目标规划具有以下特点：①目标规划特点主要有两个，其一是目标函数是各目标的偏差变量的函数，其二是约束条件中含有目标约束条件。②它的研究对象是一般的多目标决策问题。无论问题是线性的还是非线性的，变量是连续的还是离散的，它都具有广泛的适应性。③它特别适合于解决具有不同度量单位和相互冲突的多目标决策问题。这些相互冲突的多目标可以根据它们的相对重要程度，定性地分成若干不同层次的优先等级进行考虑。由此可见，目标规划吸收了加权系数法和层次序列法的思想方法。

2 基于逐步遍历算法的 0-1 规划问题

0-1 规划是解决优化算法中较为常用的一种建模方法。在模型求解的过程中，经常会出现数据量较多、求解速度较为缓慢、对计算机性能要求较高的情况。针对以上问题，本文提出一种基于遍历算法改进的逐步遍历的方法，可以降低对计算机性能的要求，加快程序运行速度，对优化算法的求解具有一定的参考价值。

2.1 引　　言

数据来源于 1999 年全国大学生数学建模竞赛赛题"钻井布局"。对于 20 世纪 80 年代的勘探部门来说，寻找所需资源所涉及的因素较多，研究此类问题情况也较为复杂。为了简化问题，只取原题中的某一部分进行求解。本文针对钻井布局问题，提出了一种基于逐步遍历算法解决 0-1 规划问题的方法，通过建立 0-1 规划模型，使用改进后的遍历循环的方法，可以较快地得到全局的最优解。

2.2 问　题　重　述

勘探部门在某地区钻探井矿寻找矿石，需要按照纵横等距的网格来布局井位。新井的开发远比利用旧井花费高，为节约钻井费用，尽可能利用旧井以减少新井的数量。钻一口新井的费用为 500 万元，利用旧井资料的费用为 10 万元。

设平面上有 n 个点 $P(i)$，用 $(a_i, b_i)(i = 1,2,\cdots,n)$ 表示 n 个旧井的位置，新井的位置是一个正方形网格的所有结点（"正方形网格"是指每个格子都是正方形的网格；结点是指纵线和横线的交叉点）。假定每个格子的边长，即井位的纵横间距为 1 个单位（即 100 m）。整个网格是可以在平面上任意移动的。若已知点 $P(i)$ 与某个网格结点的距离不超过 0.05 个单位，则认为可利用此处的旧井，不必在此处打新井。

对此，本文研究的问题是，在欧氏距离的误差意义下，假定在网格的横向和纵向可以旋转的前提下，在平面上平行移动网格，尝试提供优化算法，并对表 2.1 的数值例子用计算机进行计算，使可利用的旧井数尽可能大。

表 2.1　旧井坐标 $(a_i, b_i)(i = 1,2,\cdots,12)$

坐标	1	2	3	4	5	6	7	8	9	10	11	12
a_i	0.50	1.41	3.00	3.37	3.40	4.72	4.72	5.43	7.57	8.38	8.98	9.50
b_i	2.00	3.50	1.50	3.51	5.50	2.00	6.24	4.10	2.01	4.50	3.41	0.80

2.3　模型的建立与求解

2.3.1　问题的假设

为了便于求解，对问题进行如下假设。

假设 1：新井位置的选取不考虑地势因素，即自然环境不影响新井的布局。自然环境会对旧井位置的选取产生一定影响，不在本问题的考虑范围之内。

假设 2：勘探部门布置的网格范围足以包括所有旧井，即可利用所有的旧井。题目中未对旧井是否可利用进行说明，所以默认所有的旧井均可利用。

假设 3：每一口井都看作一个点，即不考虑井所占的面积。旧井的半径相较旧井之间的距离很小，在本问题中可以将其看作点来处理。

2.3.2　问题的分析

问题中需要根据旧井的位置坐标，在欧氏距离的前提下，求解最大的可用旧井数量。本文以旧井网络的偏移量为决策变量，以旧井的坐标关系为约束条件，以最大化可用旧井的数量为目标函数，建立 0-1 规划模型，使用逐步遍历的方法，分别对旧井网络的 x 轴偏移量、y 轴偏移量、绕原点的旋转角度进行遍历，最终得出可用旧井的编号及网格的位移结果。

2.3.3　优化模型的建立

1. 设定井的坐标位置

$$\begin{cases} x_0 = (x+B)\cos\theta + (y+C)\sin\theta \\ y_0 = -(x+B)\sin\theta + (y+C)\cos\theta \end{cases}$$

式中：x 为旧井横坐标；y 为旧井纵坐标；B 为横坐标移动距离；C 为纵坐标移动距离；x_0 为移动后旧井横坐标；y_0 为移动后旧井纵坐标；θ 为坐标绕原点旋转角度。

2. 距离的计算

1）计算横纵距离

$$\begin{cases} m_i = |x_{0i} - \text{round}(x_{0i})| \\ n_i = |y_{0i} - \text{round}(y_{0i})| \end{cases}$$

式中：x_{0i} 为第 i 口井移动后旧井横坐标；y_{0i} 为第 i 口井移动后旧井纵坐标；round 为四舍五入取整函数；m_i 为第 i 口井到最近网格点的横向距离；n_i 为第 i 口井到最近网格点的纵向距离。

2）计算欧氏距离

欧氏距离，即连接两点之间直线的长度。例如，$x(a_1,b_1)$，$y(a_2,b_2)$，则 x、y 两点间的欧氏距离为

$$d = \sqrt{(a_2 - a_1)^2 + (b_2 - b_1)^2}$$

3. 引入 0-1 变量

需要在考虑欧氏距离的前提下，以旧井的最大利用率为目标，因此要建立最优化模型。对此，引入 0-1 变量进行求解：

$$p_i = \begin{cases} 1 & (\text{第 } i \text{ 口井可利用}) \\ 0 & (\text{第 } i \text{ 口井不可利用}) \end{cases}$$

式中：p_i 为第 i 口井是否可利用，可利用为 1，不可利用为 0。

4. 约束条件

1）移动范围的确定

横坐标轴的平移步长采用 0～1 个单位；由于正方形网格纸足够大，当旧井点转动 π 后，继续转动相当于上一次转动的重新开始。为减少运算时间，转动范围为 0～π。

$$\begin{cases} 0 \leq B_i \leq 1 \\ 0 \leq C_i \leq 1 \\ 0 \leq \theta_i \leq \pi \end{cases}$$

式中：B_i 为横坐标；C_i 为纵坐标；θ_i 为旋转角度。

2）判断旧井是否可利用

当第 i 口旧井被利用时，旧井 (a_i,b_i) 与其靠近或重合的网格结点的横坐标差值和纵坐标差值的绝对值的平方和开根号后不超过 0.05，可抽象成以下不等式，即

$$p_i \sqrt{m_i^2 + n_i^2} < 0.05$$

5. 目标函数

本问题的目标为可利用旧井的数量最多，即

$$\max \sum_{i=1}^{12} p_i$$

2.3.4　算法

如图 2.1 所示，采用逐步遍历算法，通过不断改变步长来缩小遍历范围，直至步长缩小到可接受的误差范围之内。在本文中，当旋转步长等于最小旋转步长时，即目标函数范围。

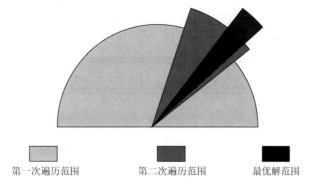

第一次遍历范围　　　　第二次遍历范围　　　　最优解范围

图 2.1　逐步遍历算法说明图

具体算法如下。

步骤 1：初始化。误差允许范围 $\varepsilon = 0.05$，设置最小旋转步长为 $\dfrac{\theta}{25}$；坐标轴旋转角度 $\theta = 0°$；可利用的旧井数量 $m = 0$。

步骤 2：将对网格的旋转循环转化为坐标点的旋转，坐标轴的平移转化为坐标点的平移。设置一级旋转步长 $\Delta\theta$ 为 $\dfrac{\pi}{10}\theta_0$，最大旋转角度 $\theta_{\max}$ 为 $\dfrac{\pi}{4}$，x 轴平移步长 Δx 为 0.1，x 轴的最大平移距离 $x_{\max} = 1$，y 轴平移步长 Δy 为 0.1，y 轴的最大平移距离 $y_{\max} = 1$。起始旋转角度 $\theta = 0°$，x 轴平移距离 $B = 0$，y 轴平移距离 $C = 0$。

步骤 3：旋转角度 θ 以 $\Delta\theta$ 为步长逐步增加，即 $\theta_n = \theta_{n-1} + \Delta\theta$；将每个坐标点绕原点旋转角度 θ_n，得到新的坐标点 (x_n, y_n)，即

$$\begin{cases} x_n = x_{n-1}\sin\theta_n + y_{n-1}\cos\theta_n \\ y_n = x_{n-1}\cos\theta_n - y_{n-1}\sin\theta_n \end{cases}$$

步骤 4：对 x 坐标轴平移距离循环，转换为对钻井的 x 坐标值循环。a 以 Δx 为步长增加，即

$$B = B + \Delta x$$

步骤 5：对 y 坐标轴平移距离循环，转换为对钻井的 y 坐标值循环。b 以 Δy 为步长增加，即

$$C = C + \Delta y$$

判断每个坐标点到最近结点的欧氏距离条件不等式，即

$$d = \sqrt{(x_n + B - x_0)^2 + (y_n + C - y_0)^2} < \varepsilon$$

其中，最近结点坐标的计算公式为

$$\begin{cases} x_0 = \text{round}(x_n + B) \\ y_0 = \text{round}(y_n + C) \end{cases}$$

式中： round 为四舍五入取整函数；x_0、y_0 分别为与 (x_n, y_n) 距离最近的网格结点的横坐标和纵坐标。

步骤 6：计算可利用的旧井数，当旧井满足步骤 5 的条件不等式时，记录下此旧井的编号，同时记录可利用旧井数 m。

步骤 7：当 $C = y_{max}$ 时，结束步骤 5 的循环，转至步骤 4；当 $B = x_{max}$ 时，结束步骤 4 的循环，转至步骤 3；当 $\theta_n = \theta_{max}$ 时，结束步骤 3 的循环。

步骤 8：判断旋转步长是否小于等于最小旋转步长。当满足时，输出可利用旧井数最多时的旧井编号及数量，程序结束；不满足时，观察当可利用旧井数量最多时，旋转角度的区间范围，取区间的下限为新的起始旋转角度 θ，旋转步长 $\Delta\theta$ 缩减为下一级步长，变为原来的五分之一，区间的上限为新的最大旋转角度 θ_{max}，转到步骤 3。

2.3.5　问题的结果

通过计算可以得出，最多可以使用六个旧井，编号分别为 1、6、7、8、9、11，具体位置见图 2.2。此时，坐标轴顺时针旋转 44.69°，x 轴坐标向右偏移 0.22 个单位，y 轴坐标向上偏移 0.02 个单位。

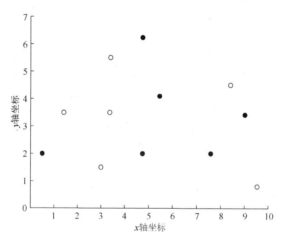

图 2.2　可利用旧井坐标位置图

通过逐步遍历算法找到的点并不一定是最大值点。如果有更多的时间，会对算法进行改进，力求在最短的时间内找到问题的最优值。

2.4　总　　结

基于改进后的逐步遍历算法可以在找到最优解的前提下，大幅度降低程序的运行时间。此算法不仅能够解决 0-1 规划问题，在其他基于遍历算法的求解方法中同样适用，具有很高的拓展性。但是，该方法也存在不足之处。例如，在本问题中，有可能存在多个极大值点。

3 基于 0-1 规划的无人机协同侦察任务研究

科技已经成为展现我国综合国力的关键因素，其中无人机的出现，更是给了大家一个新的角度去思考国家安全及防御问题。本文针对多个无人机协同侦察多个目标的问题背景，综合使用 k-means 聚类分析、0-1 规划、模拟退火和计算机仿真技术等，利用 LINGO 和 MATLAB 软件得出多无人机的最佳调度方案。同时为检验模型的稳定性，进行了灵敏度分析，发现了影响无人机性能的相关因素，如无人机飞行速度、无人机续航时间和飞行高度等，这对以后无人机的改造与质量的提升有较大的借鉴和指导意义。

3.1 引　　言

与载人飞机相比，无人机具备体积小、造价低、战场生存能力强等优点，它能够以其正确、高效和灵便的窥测、搜索等功能，在战场中发挥较为显著的作用。甚至有一些专家说："未来的空战，将是具有隐身特性的无人驾驶飞行器与防空武器之间的作战。"根据相关文献，无人机最初主要用于地面防空和空中格斗武器的实验与练习，以及依靠可见光照相机、电影摄影机等设备，完成各类窥测和监视任务。随着科学技术的发展，现在也可以使用无人机吸引敌方的火力和防空系统，进而将其破坏或摧毁；或者携带多种对地攻击武器，对地面军事目的地进行冲击。

但是无人机也有一定的缺点，它极容易受到干扰，并且在执行任务时存在一定的滞后性。目前，人们仍在研究如何进一步改善其性能，从而制造出更好的无人驾驶飞行器。本文旨在通过设计多目标多无人机协同侦察的最佳调度方案的同时，寻找影响无人机性能的关键指标。

3.2 问题研究的背景

现某作战部队有三个无人机基地，共 12 架无人机，需要对 39 个目标进行侦察（均已知具体坐标）。无人机的工作飞行高度为 7 km，速度为 900 km/h，最小转弯半径为 210 m，空中任意两机之间要求保持 340 m 以上的距离。同时受基地技术限制，同一基地的任意两架无人机起飞或降落要求最短时间间隔为 150 s。又考虑受燃料的限制，无人机最长飞行时间为 3 h，当无人机在执行爬升、转弯及其他机动动作时，燃料消耗为正常工作时的 3 倍左右。为完成侦察目标的任务，需要为无人机拟定最佳的调度方案，主要包括无人机的使用情况、起飞基地、起飞时间等（节选自 2016 年全国研究生数学建模竞赛 A 题）。

根据问题的研究背景，考虑使用 k-means 聚类分析、0-1 规划等方法，再利用基于模拟退火算法的计算机仿真技术进行详细的分析，这样不仅可以设计无人机执行任务的具体方案，而且对未来无人机在其他领域的应用具有参考价值。

3.3　数据的获取与假设

数据主要由 2016 年全国研究生数学建模竞赛 A 题提供。为了便于问题的研究与分析，做出如下几个假设：①假设无人机在爬升到 7 km 飞行高度的过程中，是沿竖直方向进行的；②假设无人机在出发后速度立即达到 900 km/h，忽略加速过程；③假设无人机始终以 7 km 的高度保持平飞，滚转角为 0°；④假设无人机在侦察目标的往返途中均正常工作，无特殊情况发生；⑤假设无人机在本文中只有爬升和转弯两种机动动作，没有其他高难度机动动作；⑥本文中的无人机和目标均当作质点处理。

3.4　无人机最优调度方案分析

3.4.1　研究思路

首先考虑一共有 39 个目标，12 架无人机，如果让无人机任意飞行，会使得问题相对复杂。因此，可以运用 k-means 聚类分析，基于目标之间的距离进行目标群的分类，让一架无人机完成对一个目标群的侦察。然后分别建立两个 0-1 优化模型，利用 MATLAB 软件进行多次计算机模拟仿真，寻找最合适的分类，以及无人机侦察每个目标群中各目标的具体顺序，继而求解出无人机的最佳调度方案。

3.4.2　数据的处理

（1）读取每个目标和基地的分布位置数据，并以邻接矩阵的形式进行存储，考虑在二维平面上的几何法的航迹规划，无人机的转弯路程远小于两个目标点之间的距离，因此忽略转弯时间以简化数据，方便统计每个监测点到各目标群的距离，以及绘制轨迹路线。其表达式为

$$r \ll \min(s_i - s_j) \tag{3.1}$$

式中：$r = 210\,\mathrm{m}$，为无人机的最小转弯半径；$s_i - s_j$ 为目标群中任意两个目标点的距离。

（2）考虑如果直接对每个目标点进行规划，信息量太大，因此仅对所有的目标点进行基于距离的 k-means 聚类分析，即将六个目标群中的目标点重新划分，让基地的每架无人机负责一个目标群的侦察任务，并合理考虑每架无人机的等待时间。例如，第一个基地有两架无人机，那么第二架无人机起飞时，就需要计算它的等待时间，为 150 s。其次，考虑已知信息，从分为 6 类开始，又共有 12 架无人机，故可分为 6～12 类。图 3.1 为目标的初始位置分布。

3.4.3　无人机侦察目标的顺序模型

在数据处理中，使用 k-means 聚类分析，将 39 个目标分为 n 类目标群，满足 $n \in [6,12]$。

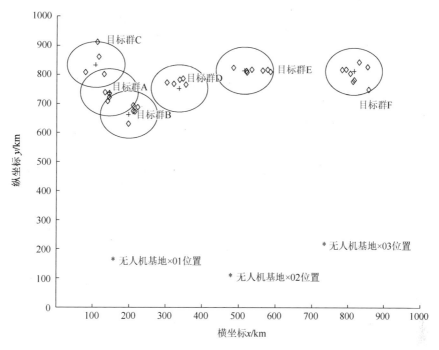

图 3.1 基地和目标群分布图

首先需要确定每架无人机负责侦察一个目标群中的各目标的侦察次序，即无人机飞行路线，由此可以建立一个优化模型。

1. 约束条件的确定

假设 m 表示无人机的数量，满足 $m \in [6,12]$，从 m 架无人机中任意选择一架无人机，负责侦察 n 个目标群中的任意一个目标群。对任一目标群，其包含的侦察目标个数为 k 个。

1）决策变量的确定

假设 x_{ij} 表示无人机是否经过 (i,j)，即

$$x_{ij} = \begin{cases} 0 & (无人机不经过目标点 (i,j) 路径) \\ 1 & (无人机经过目标点 (i,j) 路径) \end{cases} \tag{3.2}$$

对选取的任一目标群中的侦察目标点和执行任务的无人机进行编号，其中无人机编号为 1，然后目标点依次编号。那么，决策变量中 i 表示第 i 个编号点，(i,j) 也就表示从第 i 个编号点到第 j 个编号点的路径。

2）无人机需要对目标群中的所有目标点依次进行侦察

$$\begin{cases} 0 \leqslant \sum_{i=1}^{k+1} x_{ij} \leqslant 1 & (j=1,2,\cdots,k+1) \\ 0 \leqslant \sum_{j=1}^{k+1} x_{ij} \leqslant 1 & (i=1,2,\cdots,k+1) \end{cases} \tag{3.3}$$

考虑实际情况，无人机不会从第 i 个目标点飞到第 i 个目标点，即当 $i = j$ 时，$x_{ij} = 0$。

3）同一目标侦察两次的方向角的约束

假设 $[\omega_i, \omega_i']$ 表示无人机对第 i 个目标侦察的两次方向角，ω_i 为对第 i 个目标开始侦察的方向角，ω_i' 为其进行第二次侦察的方向角，则对同一个目标侦察的方向角之差应满足

$$\Delta\omega = \left| \omega_i' - \omega_i \right| \geqslant 150° \tag{3.4}$$

因为无人机转弯角度不易计算，所以认为无人机可以在侦察完此目标群的最后一个目标后原路返回，对目标进行第二次侦察，确保了搜集信息的准确性，同时也保证了侦察方向角度的约束。由此转化为

$$\sum_{i=1}^{k+1}\sum_{j=1}^{k+1} x_{ij} = k \tag{3.5}$$

4）无人机数量的约束

考虑有多架无人机可以执行任务，认为一架无人机负责一个目标群的侦察，即必有一架无人机派出且必然经过某个 (i, j) 路径，即

$$\sum_{j=1}^{k+1} x_{ij} = 1 \quad (i = 1, 2, \cdots, k+1) \tag{3.6}$$

5）各目标点之间距离的约束

假设 (x_i, y_i) 表示此目标群中编号为 i 的侦察目标点的位置，(x_j, y_j) 表示此目标群中编号为 j 的侦察目标点的位置，则无人机经过两个目标点飞行的距离为

$$d_{ij} = \sqrt{(x_i - x_j)^2 + (y_i - y_j)^2} \tag{3.7}$$

2. 目标函数的确定

目标函数为确定无人机侦察此目标群中目标的最优顺序，也就是用最短的时间侦察完所有的目标，即

$$\min f = \sum_{i=1}^{k+1}\sum_{j=1}^{k+1} x_{ij} \times (d_{ij} + p_{ij}) \times 2 \tag{3.8}$$

式中：p_{ij} 为无人机起飞或降落的高度，为 7 km。

综上所述，一架无人机侦察一个目标群的各个目标的顺序模型为

$$\min f = \sum_{i=1}^{k+1}\sum_{j=1}^{k+1} x_{ij} \times (d_{ij} + p_{ij}) \times 2$$

$$\text{s.t.}\begin{cases} x_{ij} = \begin{cases} 0 & (\text{无人机不经过目标点}(i,j)\text{路径}) \\ 1 & (\text{无人机经过目标点}(i,j)\text{路径}) \end{cases} \\ 0 \leqslant \sum_{i=1}^{k+1} x_{ij} \leqslant 1 \quad (j=1,2,\cdots,k+1; \text{当} i=j \text{时}, x_{ij}=0) \\ 0 \leqslant \sum_{j=1}^{k+1} x_{ij} \leqslant 1 \quad (i=1,2,\cdots,k+1; \text{当} i=j \text{时}, x_{ij}=0) \\ \sum_{i=1}^{k+1}\sum_{j=1}^{k+1} x_{ij} = k \\ \sum_{j=1}^{k+1} x_{ij} = 1 \quad (i=1,2\cdots,k+1) \\ d_{ij} = \sqrt{(x_i - x_j)^2 + (y_i - y_j)^2} \end{cases}$$

3.4.4　无人机侦察目标群的模型

根据一架无人机侦察一个目标群的各个目标的顺序模型，可以得到无人机的飞行时间为

$$t_{ij} = \frac{f}{v} + \alpha t \tag{3.9}$$

式中：v 为无人机的飞行速度；t 为等待时间；α 为常数。考虑有 m 架无人机，n 个目标群，将每架无人机侦察每个目标群的时间 t_{ij} 组成一个 $m \times n$ 的时间矩阵 $\boldsymbol{T}$，再考虑派出哪架无人机侦察哪个目标群。

1　约束条件的确定

1）决策变量的确定

假设 m_{ij} 表示是否派出无人机侦察目标群，则决策变量表示为

$$m_{ij} = \begin{cases} 0 & (\text{不派第} i \text{架无人机飞往第} j \text{个目标群}) \\ 1 & (\text{派出第} i \text{架无人机飞往第} j \text{个目标群}) \end{cases} \tag{3.10}$$

2）无人机的飞行时间约束

每架无人机的飞行时间必须满足

$$t_{ij} - \alpha t \leqslant L_t \tag{3.11}$$

式中：L_t 为无人机可飞行的最长时间，为 3 h。

3）同一基地的每架无人机起降的时间差约束

$$\Delta t_{i+1} = t_{i+1} - t_i \geqslant 150\,\text{s} \quad (i=1,2,\cdots,n_q-1) \tag{3.12}$$

式中：Δt_{i+1} 为某一基地第 i+1 架无人机等待的时间；t_i 为某一基地中第 i 架无人机起降的时刻；n_q 为某一基地无人机的数量。因为按基地将无人机进行了编号，所以同一基地的无人机起降时间差约束便可以表示为

$$\sum_{j=1}^{n} m_{ij} - \sum_{j=1}^{n} m_{i+1,j} \geqslant 0 \quad (i=1,3,6) \tag{3.13}$$

4）基地无人机数量约束

由于基地的无人机数量有限，那么派出的无人机数量需要小于该基地无人机数量的上限，即

$$\sum_{k=1}^{3} m_{ijk} \leqslant N_k \tag{3.14}$$

三个基地的无人机上限分别为 $N_1 = 2$，$N_2 = 3$，$N_3 = 7$。

5）侦察目标无人机数量

为了实现有效侦察，每个目标群的目标点均要被采集成像，那么派去侦察该目标群的无人机的数量为有效值，即

$$\sum_{j=1}^{n} m_{ij} \geqslant 1 \tag{3.15}$$

6）无人机需要侦察完所有的目标群

$$\sum_{j=1}^{n} \sum_{i=1}^{m} m_{ij} = n \tag{3.16}$$

2. 目标函数的确定

每个基地的无人机侦察完所有目标群的最大时间可以表示为 $\max(F_1, F_2, F_3)$，其中 F_p 是只针对第 p 个基地派遣无人机侦察各目标群所需的时间的函数，为

$$F_p = \sum_{j=1}^{n} m_{ij} \times t_{ij} \quad (i=1,2,\cdots,12) \tag{3.17}$$

式中：当 $p=1$ 时，i 取值为 $1\sim3$；当 $p=2$ 时，i 取值为 $4\sim6$；当 $p=3$ 时，i 取值为 $7\sim12$。

那么完成任务的总时间为

$$T = \min[\max(F_1, F_2, F_3)] \tag{3.18}$$

3.4.5　求解算法

1. 无人机侦察目标的顺序模型

根据建立的优化模型，采用模拟退火算法进行求解，具体求解算法如下。

步骤 1：初始化目标群坐标 $S = \{s_1, s_2, \cdots, s_{n+1}\}$，其中 $s_i = (x_i, y_i)$ 为目标群中第 i 个目标的坐标值，n 为目标群中目标总数。最短飞行距离 $D_{\min} = \infty$，模拟次数 $N = 0$。

步骤 2：$N = N+1$；计算飞行总距离 $D = \sum_{i=1}^{n} \sqrt{(x_{i+1} - x_i)^2 + (y_{i+1} - y_i)^2}$。

步骤 3：若 $D < D_{\min}$，则更新 $D_{\min} = D$，更新此时坐标排列顺序 S；否则随机交换 s_i 和 s_j 的坐标值，其中 $2 \leqslant i < j \leqslant n+1$。

步骤 4：若 $N = 1 \times 10^5$，算法结束；否则转到步骤 2。

2. 无人机侦察目标群模型

考虑建立的无人机侦察目标群模型可以利用 LINGO 软件进行求解，为了验证结果的可靠性，同时利用 MATLAB 软件进行了求解，算法如下。

步骤 1：初始化无人机飞行计划 $S=\{s_1, s_2, \cdots, s_n\}$，其中 s_i 表示第 i 架无人机侦察的目标群编号，n 为目标群总个数。最短飞行时间 $T_{\min}=\infty$，模拟次数 $N=0$。

步骤 2：$N=N+1$；计算飞行总时间 $T=\sum_{i=1}^{n}t_{is_i}$，其中 t_{is_i} 表示第 i 架无人机侦察第 s_i 个目标群所消耗的总时间。

步骤 3：若 $T<T_{\min}$，则更新 $T_{\min}=T$，更新此时无人机飞行计划 S；否则随机交换 s_i 和 s_j 的值，其中 $i<j$。

步骤 4：若 $N=1\times10^5$，算法结束；否则转到步骤 2。

3. 结果分析

根据求解算法，可依次得到将侦察目标分为 6～12 类时无人机完成任务的总时间，由于聚类的不确定性，利用 MATLAB 软件进行基于模拟退火算法的仿真计算，又因为仿真结果具有随机性，取 10 次仿真结果的平均值作为最佳答案，如表 3.1 所示。

表 3.1　无人机完成任务总时间

分类个数	完成任务总时间/h	分类个数	完成任务总时间/h
6	1.8149	10	1.7179
7	1.8149	11	1.7072
8	1.8149	12	1.7595
9	1.8149		

从表 3.1 中可以看出，当使用 11 架无人机，将侦察目标分为 11 个目标群时，无人机完成侦察任务时间最短，为 1.707 2 h。在表 3.2 中，w_k^b 表示第 k 个基地的第 b 架无人机，故可知每个基地无人机的使用情况、侦察的目标和以最短的时间侦察目标的顺序。

表 3.2　各基地无人机侦察目标情况

基地的无人机	侦察目标（按顺序）	基地的无人机	侦察目标（按顺序）
w_{x01}^1	C02，C04	w_{x03}^2	D01，D03，D02，D04
w_{x01}^2	C03，C01，C05	w_{x03}^3	F04，F02，F03，F01，F06，F07
w_{x02}^1	A03，A04，A02，A01，A05	w_{x03}^4	E02
w_{x02}^2	B04，B01，B05，B02，B06，B03	w_{x03}^5	F05，F09，F08
w_{x02}^3	D06，D05	w_{x03}^6	E04，E01，E03，E05
w_{x03}^1	E08，E06，E07		

同时，可以求得每架无人机的飞行时间，如表 3.3 所示。任意两架无人机的飞行时间间隔大于 150 s，故在返回降落时不必考虑多架无人机降落在同一基地的等待时间。那么各无人机的起飞降落顺序如表 3.4 所示。

表 3.3　各无人机执行任务时间

基地的无人机	飞行时间/h	基地的无人机	飞行时间/h
w_{x01}^1	1.6852	w_{x03}^2	1.7046
w_{x01}^2	1.6496	w_{x03}^3	1.6634
w_{x02}^1	1.6762	w_{x03}^4	1.6248
w_{x02}^2	1.5945	w_{x03}^5	1.5047
w_{x02}^3	1.6648	w_{x03}^6	1.7072
w_{x03}^1	1.4397		

表 3.4　各基地无人机起飞降落顺序

各基地无人机起飞顺序	各基地无人机降落顺序
w_{x01}^1, w_{x01}^2	w_{x01}^2, w_{x01}^1
$w_{x02}^1, w_{x02}^2, w_{x02}^3$	$w_{x02}^2, w_{x02}^3, w_{x02}^1$
$w_{x03}^1, w_{x03}^2, w_{x03}^3, w_{x03}^4, w_{x03}^5, w_{x03}^6$	$w_{x03}^1, w_{x03}^5, w_{x03}^4, w_{x03}^3, w_{x03}^2, w_{x03}^6$

考虑无人机侦察目标的路线各不一样，故按原路返回的时间有所不同，降落次序和起飞次序就不相同。根据各无人机的起飞顺序不同，可以得到各无人机的起飞时间，如表 3.5 所示。

表 3.5　无人机起飞时间

起飞时刻/s	起飞的无人机
0	$w_{x01}^1, w_{x02}^1, w_{x03}^1$
150	$w_{x01}^2, w_{x02}^2, w_{x03}^2$
300	w_{x03}^3
450	w_{x03}^4
600	w_{x03}^5
750	w_{x03}^6

综上所述，可以用 MATLAB 软件画出无人机侦察目标的具体航向，如图 3.2 所示。

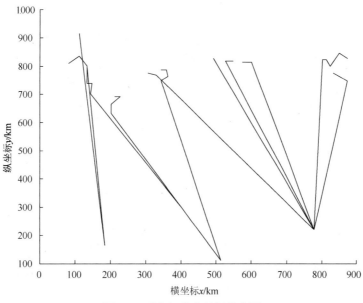

图 3.2　无人机侦察目标航向图

4. 无人机性能指标

1）无人机飞行速度

将无人机飞行速度按照 10%进行依次提升，模型中其他参数不改变，可以得到对应的所有无人机完成任务的总时间，如表 3.6 所示。

表 3.6　改变速度参数对总时间的影响

速度/(km/h)	时间/h
900	1.707 2
990	1.566 9
1 080	1.441 1
1 170	1.341 6

由表 3.6 的结果可以得出结论：无人机的飞行速度越大，完成任务所需时间越短，比较符合现实情况。

2）无人机续航时间

无人机续航时间的限制，可能导致无人机在对目标进行侦察时，无法对下一个目标进行侦察、采取数据就需要返回基地补充燃料，所以无人机续航时间对无人机侦察情况也有重大的影响。

3）飞行高度

若搭载在无人机上的传感器对数据采集范围有严格限制，致使无人机只能在一定高度范围内飞行，这将极大限制无人机的侦察，甚至可能出现飞行高度不够的现象，极易被敌人发现、击毁。

4）侦察范围

因为搭载在无人机上的传感器采集的数据是通过后台进行 3D 成像的，并且收集数据的范围有限，所以侦察条件较为苛刻。传感器固定在无人机上后，将不可以调节角度，但是固定时可以以任何角度固定，就导致无人机对一个物体采集数据时，必须利用往返式采集、绕物体飞行使成像角度大于 150°，或者让两个无人机对该物体呈大于 150°进行数据采集，这样会使无人机飞行路径增加许多弧度，使得飞行难度、耗油量及侦察时间都有增加。倘若无人机搭载的传感器采用广角设计，并且可以自动地 360°旋转收集数据，则无人机飞行轨迹只需通过侦察目标即可达到 3D 成像的要求，这样就不需要返航飞行，侦察完目标后即可寻找最近的基地返航，极大地减少侦察时间。

5）最小转弯半径

在本文的研究中，考虑无人机的转弯距离远小于任意两个侦察目标之间的距离，故进行了一定的假设，$r \ll s_i - s_j$ 也是忽略的前提。如果这一前提满足不了，由 $l = \theta \times r$ 知需要考虑无人机转弯所需的时间，并且最小转弯半径越小，无人机转弯弧度越小，其飞行的距离也有所减少，使得侦察目标所用的时间也可以减少。

3.5　总　　结

本文建立了更符合侦察应用的多基地多无人驾驶飞行器协同侦察问题的数学模型，该模型不仅考虑了各个基地中无人机的起飞时间间隔、无人机之间的距离等问题，并且创新性地采用无人机按照原路旋转返回的思路，确保侦察目标的成像满足条件，实现了方案的罗列，效率较高。此外，还进行了相关的灵敏度分析，找到了影响无人机性能的相关指标，并建议从提高无人机的飞行速度、增加无人机的续航能力、改变无人机的飞行高度、降低最小转弯半径等方面来优化模型，减少无人机侦察任务总时间。

与此同时，本文创新地结合了 k-means 聚类分析与 0-1 规划，利用计算机仿真技术寻找目标群的最佳分类和无人机最短飞行路径的算法。在此过程中，通过分析无人机的自身条件（如飞行速度、最长续航时间、最小转弯直径等）和相关的外部条件（探测器扫描范围、基地无人机数量等）的约束，在假设的前提下，建立了合适的模型，且准确度较高，可以推广到相似的多约束多目标路径规划的分析问题上。

4 出版社不同发展方向的资源配置

针对出版社发展方案，本文从市场竞争力及经济效益两方面着手进行评估，运用 MATLAB、LINGO 等软件，以市场占有率、群众满意度衡量市场竞争力，用销售额衡量经济效益。首先求解严格限制人力资源的整数规划，得到的方案不够完善，从而引入雇用临时社员的条件，并通过波士顿矩阵量化市场竞争力，以人均收益衡量经济效益，建立不严格整数规划。分析结果并对出版社当前发展方向进行评估，给出四种方向的具体发展方案。

4.1 引　　言

出版社的资源主要有人力资源、生产资源、资金和管理资源等，它们都捆绑在书号上，通过部门经营的运作，这些资源形成成本和利润。总社每年将一定的书号合理分配给各个分社，使出版的教材产生最好的经济效益。各个分社提交的需求书号总量远大于总社的书号总量，因此总社一般以增加强势产品支持力度的原则优化资源配置。资源配置是总社每年进行的重要决策，直接关系到出版社的当年经济效益和长远发展战略。现在市场信息（主要是需求与竞争力）通常是不完全的，企业自身的数据收集和积累也不足，这种情况下的决策问题在我国企业中是普遍存在的。本文的目的是在信息不足的情况下提出以量化分析为基础的资源配置方法，给出一个明确的分配方案。

4.2 数据的获取与模型的假设

数据来源于 2006 年全国大学生数学建模竞赛 A 题。为了便于解决该问题，提出以下几点假设：①总社在资源配置时，所有教材的价格都是以它们的平均价格为基准；②出版社所有教材的利润率都一样，并据此定价；③调查问卷的信息真实有效；④各个分社所申请的书号一半的总和小于总书号数；⑤假设每个岗位的收入相同；⑥假设各个分社不能转让书号，分配的书号数量等于最后的出版数量。

4.3 单位书号销售量的预测

4.3.1 研究思路

对出版社发展进行规划，需综合考虑出版社经济效益及市场竞争力两方面，题目中未给出成本，故本文以销售额量化经济效益。要求得出版社 2006 年的销售额，必须首先得出 2006 年出版社不同课程的单位书号销售量。

查找 2001～2005 年每门课程的销售量及拥有的书号数，使用 MATLAB 对五年内单位书号销售量作图后发现，书号数与销售量之间大致呈线性关系，根据其线性关系使用一元线性回归对 2006 年单位书号销售量进行预测。

4.3.2　研究方法

（单位书号销售量）观察 2001～2005 年不同课程的销售量及书号数，使用 MATLAB 对同一课程单位书号销售量变化作图，见图 4.1，不难看出书号数（投入）与销售量（产出）呈正比关系，以 C_{ij} 表示第 i 门课程第 j 年的单位书号销售量，可以得出以下公式：

$$C_{ij} = \frac{\text{计划销售量}}{\text{计划书号数}} = \frac{\text{实际销售量}}{\text{实际书号数}}$$

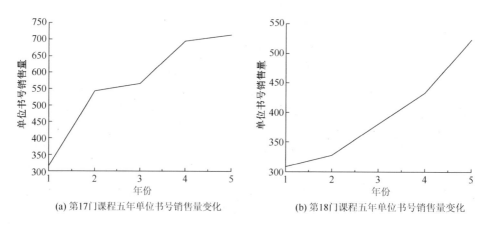

(a) 第17门课程五年单位书号销售量变化　　　　(b) 第18门课程五年单位书号销售量变化

图 4.1　不同课程五年单位书号销售量变化图

建立一元线性回归方程

$$y = \beta_1 x + \beta_2 + \varepsilon$$

式中：β_1 为直线斜率；β_2 为直线的截距；ε 为误差项。

当已知多组 x、y 值时，回归方程可以用矩阵形式表示如下：

$$\begin{cases} \boldsymbol{Y} = \boldsymbol{X}\boldsymbol{\beta} + \boldsymbol{\varepsilon} \\ \varepsilon_i \sim N(0, \sigma^2) \end{cases}$$

在需要建立的单位书号销售量预测模型中，每门课程共有 2001～2005 年五个观测数据，其中 x_i 表示年份（如 2001 年为 x_1），y_i 表示第 i 年对应的销售量，β_1 与 β_2 是所要拟合的参数。

$$\boldsymbol{Y} = \begin{bmatrix} y_1 \\ \vdots \\ y_5 \end{bmatrix}, \qquad \boldsymbol{\beta} = \begin{bmatrix} \beta_1 \\ \beta_2 \end{bmatrix}, \qquad \boldsymbol{\varepsilon} = \begin{bmatrix} \varepsilon_1 \\ \vdots \\ \varepsilon_5 \end{bmatrix}$$

本文使用最小二乘法估计参数 β_1 与 β_2：

$$\hat{\boldsymbol{\beta}} = (\boldsymbol{X}^{\mathrm{T}}\boldsymbol{X})^{-1}\boldsymbol{X}^{\mathrm{T}}\boldsymbol{Y}$$

将 $\hat{\boldsymbol{\beta}}$ 代回原模型即可得到 y 的估计值 $\hat{y}$。

最后，对预测模型进行 R^2 检验，得出 $R = 0.73$。这表明单位书号销售量与年份之间有较强的线性关系，一元线性回归方程是有效的。

4.4 严格人力资源整数规划

4.4.1 研究思路

本题中出版社所具有的资源有两方面，一方面是人力资源，一方面是财政资源，财政资源由书号数量化，人力资源本题已给出各分社具体人数，经计算发现，数学类分社当前人数每年最大可处理的书号数只有120，然而数学类分社每年处理的书号数均大于120，说明数学类分社可能雇用了临时社员，故在规划出版社发展方向时，人力资源仍需要考虑。本节首先对不雇用临时社员的情况进行求解。

查找 2001～2005 年 A 出版社 72 种业务的市场占有率、满意度及准确度共三项指标。使用这三项指标量化市场竞争力，并用销售额量化出版社经济效益，以书号数为决策变量，以市场竞争力及利益乘积最大为目标建立严格人力资源整数规划。

4.4.2 研究方法

定义 1：市场占有率。

A 出版社核心的只有 72 种业务，因此在解题过程中也只需考虑这 72 种业务。市场占有率指企业中某一产品销售量在市场同类产品中所占比重，因市场信息不足，总销售量未知，以出版社某一产品调查问卷数量在市场同类产品调查问卷中所占比重来量化市场占有率，然后筛选出课程代码为 1～72 的调查问卷，将其称为有效问卷，并将第 j 门课程调查问卷总数记为 M_j。进一步筛选，记 m_{ij} 为第 i 个出版社第 j 门课程的调查问卷数量。定义市场占有率 B_{ij}，得出市场占有率为

$$B_{ij} = \frac{m_{ij}}{M_j} \quad (i=1,2,\cdots,5; j=1,2,\cdots,72)$$

由于 72 门课程在五年内的市场占有率变化情况各不相同（如第 6 门课程呈增长趋势，第 7 门课程呈递减趋势，第 14 门课程呈波动趋势），故记 $\overline{B_{ij}}$ 为五年市场占有率的均值，以五年占有率的平均值代指 A 出版社第 j 门课程在 2006 年时的占有率。

定义 2：相对满意度。

在调查问卷中，共对四方面满意度打分，满意度等级从 1 到 5，首先对四个方面满意度绘制直方图（图 4.2），发现用户对四个方面满意度的评分分布基本相似。

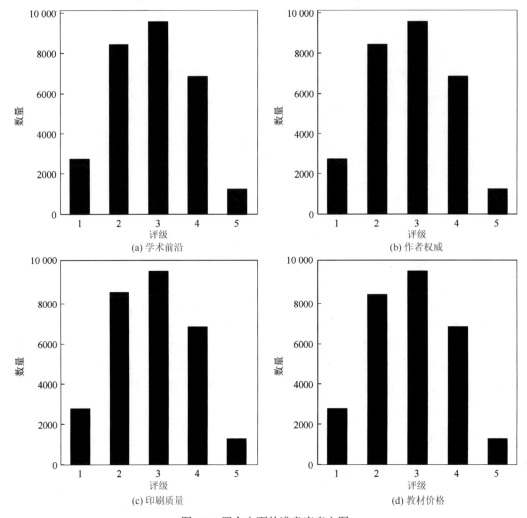

图 4.2　四个方面的满意度直方图

因此，使用四个方面满意度的均值来衡量用户对 A 出版社产品的满意度。同时，将 A 出版社与其竞争者进行对比，故定义 A 出版社第 i 门课程的相对满意度 Y_i 为 A 出版社五年四个方面满意度的均值除以所有有效问卷分值的均值：

$$Y_i = \frac{\text{第}i\text{门课程五年四个方面满意度均值}}{\text{有效问卷分值均值}} \quad (i=1,2,\cdots,72)$$

定义 3：准确度。

准确度可以衡量不同业务决策的准确性，使用实际销售量与计划销售量的比值来表示，定义 W_i 为第 i 门课程的准确度，可求得准确度为

$$W_i = \frac{\text{第}i\text{门课程实际销售量}}{\text{第}i\text{门课程计划销售量}}$$

4.4.3 严格人力资源整数规划求解方案

目标：定义最大利益 Z，需同时兼顾两种因素，一是出版社经济效益，二是市场竞争力，即

$$\max Z=\sum_{i=1}^{72}(W_iY_i\overline{B_{ij}})(P_iV_ix_i)$$

式中：P_i 为第 i 门课程教材的均价；V_i 为 2006 年第 i 门课程教材单位书号预测的销售量；x_i 为 2006 年第 i 门课程教材分配到的书号书目。

约束条件如下。

（1）书号约束：总社只有 500 个书号，分配的书号数总和要等于 500。

（2）资源约束：每个分社所能使用的人力资源是有限的，人力资源有三个方面，分别是策划人员、编辑人员及校对人员，对人力资源的约束应取三者中最小值。

（3）分社发展约束：保证每个分社计划的连续性，故分配给每个业务的书号数应不小于申请书号数的一半。

（4）申请书号约束：总社分配给分社的书号数不应大于分社申请的书号数。

建立严格整数规划：

$$\max Z=\sum_{i=1}^{72}(W_iY_i\overline{B_{ij}})(P_iV_ix_i)$$

式中，$W_iY_i\overline{B_{ij}}$ 表示出版社的市场竞争力。

$$\text{s.t.}\begin{cases}\sum_{i=1}^{72}x_i=500\\\sum_{i=E_j}^{L_j}x_i<r_j\\\dfrac{d_i}{2}<x_i<d_i\\x_i\text{为正整数}\end{cases}$$

式中：r_j 为第 j 个分社最多可以处理的书号数量；E_j 为第 j 个分社业务最小编号；L_j 为第 j 个分社业务最大编号；d_i 为第 i 门课程教材申请的书号数量。使用 LINGO 软件对上述规划进行求解。

4.4.4 结果分析

对比 2005 年与 2006 年的分配结果如表 4.1 所示，发现该方案基本合理，数学类是 A 出版社强势产品，所分得书号数仍占较大比例，课程增长速率总体均较高的两课类分社分得的书号数也大幅增加。对方案进行分析，发现其仍存在两方面主要的不足。

表 4.1　方案求解结果

类别	计算机	经管	数学	英语	两课	机械能源	化学化工	地理地质	环境
2005 年书号数	73	42	146	85	44	39	19	27	26
2006 年书号数	55	42	120	60	72	53	26	34	38
总销售额/元	22 239 320	—	—	—	—	—	—	—	—

第一方面，数学类分社分得书号数相对去年减少了近 15%。因为数学类分社受人力资源限制，每年最多可处理的书号数只有 120 个，而五年中数学类分社分得的书号数均远大于 120，在 2001~2005 年，数学类分社均使用了雇用临时社员的方法处理过多的书号，故在下文中引入雇用临时社员的分配方案。第二方面，虽使用相对满意度、计划准确度及市场占有率的乘积对 A 出版社不同课程市场竞争力进行量化，但该方法难以做出更精确的划分。假设两种产品的市场占有率相同，其中一种产品市场高速增长，另一种产品市场整体呈衰退趋势，本应是高速增长产品市场竞争力更高，然而在乘积量化方法中，两者竞争率相同，故在下文中引入波士顿矩阵对 A 出版社不同业务进行更精准的划分。

4.5　非严格整数规划

4.5.1　研究思路

波士顿矩阵是一种依据市场增长率和相对市场份额这两种指标将产品分为现金牛类、明星类、问题类、瘦狗类四种类型的模型。现金牛类高增长，低占有，此类产品是企业回收资金的保障；明星类高增长，高占有，有望成为企业现金牛类产品；问题类高增长，低占有；瘦狗类产品处于逐渐衰退情况，应逐渐收缩市场。

对比以往书号数据知，部分分社出现了雇用临时社员的行为。从长远发展角度考虑，严格约束人力资源对出版社的发展极其不利，故引入分社可雇用临时社员的情况。

使用波士顿矩阵理论，通过四种业务发展比例策划四种发展方案，即"维持发展""长远发展""大幅扩张""短期收获"。同时，为保证顺应市场发展规律，引入最大波动的概念。由此，引入非严格整数规划模型。

4.5.2　研究方法

定义 1：平均市场增长率。

通过对数据的估算与分析，得到了第 i 个出版社的第 k 门课程教材第 j 年在市场上的占有率 λ_{ik}^j，以及教材实际销售量 F_{ik}^j。假设市场总需求量为 S_{ik}^j，则这三者的关系可以归结为以下公式：

$$市场总需求量 = 实际销售量/占有率$$

计算 2001～2005 年市场增长平均值，得第 i 个出版社的第 k 门课程教材的平均市场增长率：

$$\Phi_{ik} = \frac{\sum\limits_{j=1}^{4} \dfrac{S_{ik}^{j+1} - S_{ik}^{j}}{S_{ik}^{j}} \times 100\%}{4}$$

定义 2：相对市场份额。

在 2006 年全国大学生数学建模竞赛 A 题所给附件二的 Q2a 列中筛选需要研究的 72 门课程，并统计每个课程对各出版社的销售量，求出 A 出版社和其最大竞争者的销售量，并计算 A 出版社的各门课程的相对市场份额：

相对市场份额＝A 出版社销售量/最大竞争者销售量

定义 3：课程所属类别。

明确波士顿矩阵的分类标准后，计算 72 门课程在波士顿矩阵上的坐标并对其进行求解。A 出版社高等数学课程的市场增长率较低，相对市场份额较高，为 A 出版社的现金牛类产品。因此，以平均市场增长率 15% 为分界点，平均市场增长率超过 15% 的课程教材市场增长率定义为高速增长。根据多次对波士顿矩阵分类标准的尝试，规定：若相对市场份额大于 1，该课程市场份额大于最大竞争者，处于优势，则该产品为高相对市场份额产品，为明星类或现金牛类，反之则处于劣势，该产品为问题类或瘦狗类。运用前文中提出的波士顿矩阵衡量标准，采用 0-1 规划对课程所属类别进行分类，如表 4.2 所示。

表 4.2　课程分类结果

类别	对应课程号	比例
明星类	11、12、17、26、34……	0.314
现金牛类	19、20、21、23、29……	0.376
问题类	5、7、11、13、14……	0.102
瘦狗类	1、2、3、4、6……	0.208

定义 4：业务改变量 Δn。

在使用波士顿矩阵对出版社未来发展进行规划时，通过改变出版社对于四种业务的发展比例来改变发展方向，定义业务改变量 Δn，由此得到 2006 年四种业务发展比例为

$$n_j^{(2006)} = n_j^{(2005)} + \Delta n_j \quad (j = 1, 2, 3, 4)$$

$$\sum_{j=1}^{4} \Delta n_j = 0$$

由于书号数为整数，分配给四种业务的书号数很难恰好满足希望的发展比例，但在 $n + \Delta n$ 附近可以有一定的波动，引出不严格约束，其中 ε 为最大可以接受的计划波动：

$$
\begin{cases}
\dfrac{\sum\limits_{i=1}^{72} T_{ik} x_i}{500} \leqslant n_k + \Delta n_k + \varepsilon \\[4mm]
\dfrac{\sum\limits_{i=1}^{72} T_{ik} x_i}{500} \geqslant n_k + \Delta n_k - \varepsilon
\end{cases}
$$

式中：T_{ik} 为 0-1 矩阵的元素，若 $T_{ik}=1$，则第 i 门课程属于第 k 类业务（业务顺序依次为明星类、现金牛类、问题类、瘦狗类，且每门课程只能属于一类业务）。

定义 5：最大波动。

定义 Δx_i 为 2006 年第 i 门课程最大可增加（减少）的书号数，对于 2006 年分配给各课程的书号数应满足以下约束：

$$
\begin{cases}
\Delta x_i = \max(x_i) - \min(x_i) \\
x_i^{(2006)} \geqslant x_i^{(2005)} + \Delta x_i \qquad (i=1,2,\cdots,72) \\
x_i^{(2006)} \leqslant x_i^{(2005)} - \Delta x_i
\end{cases}
$$

规划出版社未来的发展，通过改变四种业务的 Δn 来实现。

方案一是"维持发展"，此时出版社不改变自身的发展状态，四种业务按其特性自由发展，该方案较为保险。使用这种方案，会使出版社以当前发展速度继续进行下去，但也会令其落后市场一步，丧失很多发展机会。方案二是"长远发展"，这种方案适合出版社发展长期利益。通过对课程分类知，A 出版社销量最多的产品是现金牛类产品，其次是明星类产品。扩大现金牛类产品投资，可使出版社在当年获得较好的经济效益，扩大明星类产品投资，可以使 A 出版社不被市场淘汰，而且明星类产品可转换为现金牛类产品，从而形成一种良性循环。该种方案是目前最优的方案。方案三是"大幅扩张"，此方案减少了对当年经济效益的关注，将目光放在扩张方面。加大对明星类产品的投资，增强市场竞争力，加大问题类产品的投资，使其转化为明星类产品。但是当明星类产品及问题类产品的盈利不够时，可能会导致出版社的资金链断裂。方案四为"短期收获"，它比方案三更加重视出版社总体的发展，不考虑放弃瘦狗类产品。选择此方案时，随时间发展，明星类产品由于注入资金不足竞争力下降，逐渐转化为问题类产品，当现金牛类产品市场衰退时，A 出版社没有新的现金牛类产品进行补充，导致 A 出版社整体的衰退。

基于上述限制，本文给出了出版社四种可能的发展路线，见表 4.3。

表 4.3　四种方案波士顿矩阵改变量

业务类型	维持发展	长远发展	大幅扩张	短期收获
明星类	0	4%	5%	−4%
问题类	0	−4%	4%	2%
现金牛类	0	5%	−4%	0
瘦狗类	0	−5%	−5%	2%

4.5.3　非严格整数规划模型

将人均利润最大作为目标，并求其最优值：

$$N = \sum_{j=1}^{9}\left\{\sum_{k=1}^{3}\left[\max\left(0, \frac{x_i}{F_{jk}} - H_{jk}\right)\right] + H_{jk}\right\}$$

$$\max Z = \frac{1}{N}\sum_{i=1}^{72}(x_i \overline{B_{ij}} P_i)$$

式中：H_{jk} 为第 j 个分社第 k 种工作人员的人数；F_{jk} 为第 j 个分社第 k 种工作人员的工作能力。

约束条件如下。

（1）书号约束：总社只有 500 个书号，分配的书号数总和要等于 500。

（2）分社发展约束：分配给每个业务的书号数应不少于申请书号数的一半。

（3）申请书号约束：总社分配给分社的书号数不应大于分社申请的书号数。

（4）波士顿发展约束：四种业务的发展应满足波士顿决策的约束。

（5）最大波动约束：2006 年每门课程分得书号数与 2005 年每门课程分得书号的最大差值。

建立非严格整数约束：

$$\begin{cases} \sum_{i=1}^{72} x_i = 500 \\ \dfrac{d_i}{2} < x_i < d_i \\ \dfrac{\sum_{i=1}^{72} T_{ik} x_i}{500} \leqslant n_k + \Delta n_k + \varepsilon \quad (i=1,2,\cdots,72; k=1,2,\cdots,4) \\ \dfrac{\sum_{i=1}^{72} T_{ik} x_i}{500} \geqslant n_k + \Delta n_k - \varepsilon \\ \Delta x_i = \max(x_i) - \min(x_i) \\ x_i^{(2006)} \geqslant x_i^{(2005)} + \Delta x_i \\ x_i^{(2006)} \leqslant x_i^{(2005)} - \Delta x_i \end{cases}$$

式中：$x_i^{(2005)}$ 为 2005 年第 i 门课程分得的书号数量；T_{ik} 为波士顿矩阵的元素；Δx_i 为第 i 门课程教材书号数量最大波动。使用 LINGO 软件对上述模型进行求解。

4.5.4　结果分析

观察四种方案，可以发现分配给各分社的书号虽然有所波动，但基本稳定在某一数值附近，满足了逐渐改变书号分配的需求。使用"维持发展"方案，可以发现，出版社的总销售额是最高的，且书号分配与"长远发展""大幅扩张"方案差异较大。因此，可以推断，当前出版社的发展方向可能追求的是短期利润，对于出版社的长远发展有所欠缺。需要及时改变发展战略，给出不同发展方案书号数的具体分配情况，见表 4.4。

表 4.4　方案结果

类别	维持发展	长远发展	大幅扩张	短期收获
计算机	61	61	66	63
经管	44	43	51	41
数学	141	144	141	144
英语	89	70	73	89
两课	64	62	58	64
机械能源	37	45	42	37
化学化工	16	19	18	18
地理地质	23	26	26	20
环境	25	30	25	24
人均利润/元	26 645	26 207	26 247	26 480
总销售额/元	22 488 530	22 144 970	22 152 630	22 376 260

4.6　总　　结

本文针对出版社资源配置问题，综合考虑市场竞争力及经济效益两方面，以波士顿矩阵量化市场竞争力，以人均利润量化出版社经济效益，建立非严格整数规划，为出版社四种发展方向提供了具体的资源分配方案。

5 非线性规划的智能 RGV 动态调度模型

轨道式自动引导车（rail automatic guided vehicle，RGV）是智能加工系统中的重要运送和加工工具，其对计算机数控（computer numerical control，CNC）机床的调度方案决定了整个加工系统的效率。本文介绍了在不忽略任何加工时间条件下的直线型 RGV 的最优调度方案。首先介绍了问题的背景及系统的加工流程；其次以 RGV 效率最高为目标函数建立多约束非线性优化模型；再次提出动态调度算法并利用 LINGO 软件求解结果；最后，仿真验证模型的实用性和有效性，新方案能够有效提高工厂的加工效率。

5.1 引　　言

智能加工技术主要应用智能加工机器来实现加工过程中的自动运行和监测等任务，现被越来越广泛地应用于企业的生产制造中。RGV 是一种无人驾驶且能在固定轨道上自由运行的智能车，是智能加工系统中的重要运送和加工工具。在实际加工过程中，RGV 对 CNC 机床的调度方案能够极大地决定整个加工系统的效率。因此，针对 RGV 动态调度的研究有着重要的实际意义。

关于 RGV 的动态调度问题，目前已有的研究方案多是周期性的调度方案，即 RGV 按照固定轨迹进行加工。这种方案忽略了 RGV 的上下料和移动时间，简化了加工过程，依赖计算机仿真得到结果。显然，这不是符合实际情况的方案。本文在不忽略任何加工时间的条件下，除偶然因素外，真实还原了系统实际的加工状态。将更多的实际约束考虑在内，建立了带有 7 个约束条件的非线性优化模型，利用 LINGO 软件求解得到更贴合实际且更优化的非周期性调度方案。

5.2 问题描述

本文题目来源于 2018 年全国大学生数学建模竞赛 B 题。现有一个由 8 台 CNC 机床、1 辆 RGV、1 条 RGV 直线轨道、1 条上料传送带、1 条下料传送带等附属设备组成的智能加工系统（图 5.1）。假设不考虑偶然因素，设计最优的 RGV 动态调度方案。

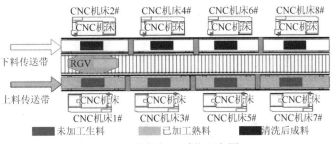

图 5.1　智能加工系统示意图

5.3　数　学　模　型

5.3.1　目标函数

系统加工效率最高等价于 8 h 内 8 台 CNC 机床的空闲时间之和最短。先求每台 CNC 机床的空闲时间。假设总加工次数为 n，则可分两个阶段来求解。

第 1 次至第 n–1 次加工过程中，每台 CNC 机床前后两次加工的开始时间间隔等于该台 CNC 机床的空闲等待时间 $T_i(i=1,2,\cdots,8)$ 与一次加工时间 t 之和。引入 $A_{i,k}$，表示第 i 台 CNC 机床第 k 次工作的开始时间，则每台 CNC 机床的空闲时间为

$$T_i = A_{i,k+1} - A_{i,k} - t \tag{5.1}$$

在第 n 次加工过程中，CNC 机床的第 n 次加工开始后，经过一次加工时间和一段空闲时间后，到达工作截止时间，即 8 h。因此，第 n 次的空闲时间为

$$T_i = 8 \times 3600 - A_{i,n} - t \tag{5.2}$$

综上，以总加工系统效率最高即 8 台 CNC 机床的总空闲时间最小为目标函数：

$$\min T = \sum_{i=1}^{8}\left[\sum_{k=1}^{n_i-1}(A_{i,k+1} - A_{i,k} - t) + 8 \times 3600 - A_{i,n_i} - t\right] \tag{5.3}$$

5.3.2　约束条件

结合 RGV 的实际工作过程，提出了每台 CNC 机床空闲等待时间上下限、工作结束时间限制、RGV 最终位置限制、RGV 能够充分调动 8 台 CNC 机床等七个约束条件，具体分析如下。

1. 约束一：CNC 机床空闲等待时间的上限

每台 CNC 机床前后两次工作之间的等待时间应不大于最大上限 M。利用计算机进行仿真，发现出现 2～3 个 CNC 机床完成工作并发送信号的可能性最高。因此，M 设定为

$$M = d' + \sum_{i=a_1}^{a_n}(t_i + t') \tag{5.4}$$

式中：$a_k(k=1,2,\cdots,n)$ 为第 k 个加工完成的成料的加工开始时间；M 为智能加工系统出现的最大上限；t_i 为 RGV 为第 i 台 CNC 机床上下料的时间，根据 i 的奇偶性确定不同取值；t' 为 RGV 对熟料的清洗作业时间；d' 为 RGV 移动 1 步的时间。

因为第一轮进行的时候 CNC 机床上没有熟料，不存在清洗时间，所以第一轮遍历时，CNC 机床等待时间的上限为

$$M' = d' + \sum_{i=a_1}^{a_n}t_i \tag{5.5}$$

2. 约束二：CNC 机床空闲等待时间的下限

每台 CNC 机床前后两次工作间的等待时间应不小于 RGV 最短到达时间。当 RGV 刚好在为对面一台 CNC 机床处理时，产生最短到达时间。最短到达时间包含 RGV 的一次清洗时间 t' 和上下料时间 t_i。用 $A_{i,k}$ 表示第 i 台 CNC 机床第 k 次工作的开始时间，用 t 表示 CNC 机床对生料的加工时间，那么

$$A_{i,k+1} - A_{i,k} - t \geqslant t_i + t' \quad (i=1,2,\cdots,8; k=1,2,\cdots,n_i-1) \tag{5.6}$$

3. 约束三：工作结束时间小于 8 h

整个加工系统在连续工作 8 h 后结束工作。因此，每台 CNC 机床最后一次加工应在 8 h 之前结束，即每台 CNC 机床最后一次工作的开始时间应小于 8×3600 与一次工作时间（加工+清洗）之差：

$$A_{i,n_i} + t + t' \leqslant 8 \times 3600 \quad (i=1,2,\cdots,8) \tag{5.7}$$

式中：A_{i,n_i} 为第 i 台 CNC 机床最后一次工作的开始时间；n_i 为第 i 台 CNC 机床在 8 h 工作时间内可执行的最多次数。

4. 约束四：RGV 最终必须处于初始位置

工作时间结束后，RGV 必须处于初始位置。因此，在 8 h 即将结束之前 CNC 机床 1#或 CNC 机床 2#必须是发出最后上料需求信号的机器，其他机器都要比 1 或 2 结束得早，即

$$A_{j,n_i} > \max(A_{i,n_i}) \quad (i=3,4,\cdots,8; j=1,2) \tag{5.8}$$

5. 约束五：RGV 不能同一时刻作业不同的 CNC 机床

由于只有 1 台 RGV，不同台 CNC 机床在执行不同次工作时，开始时间一定是不同的且存在最小差距。分析出现最小差距的情况为，RGV 刚好就在该 CNC 机床面前，而且刚好为另一侧 CNC 机床作业结束，只需上料时间，即可开始此 CNC 机床的工作。由于偶数编号 CNC 机床一次上下料所需时间要大于奇数编号 CNC 机床一次上下料所需时间，故取奇数上料时间 t_1，即

$$|A_{j,k} - A_{m,l}| \geqslant t_1 \quad (m,j=1,2,\cdots,8; l,k=1,2,\cdots,n; m\neq j; l\neq k) \tag{5.9}$$

6. 约束六：RGV 具有调控 8 台 CNC 机床的能力

每台系统配有 8 台 CNC 机床，仅由 1 台 RGV 进行作业。只有每台 CNC 机床的工作时间远大于 RGV 的作业时间，RGV 才有足够的空余时间去调控其他台 CNC 机床。用 t_i 表示 RGV 为第 i 台 CNC 机床上下料的时间（根据 i 的奇偶性确定不同取值）；用 t' 表示 RGV 对熟料的清洗作业时间；用 d_j 表示 RGV 移动 j 步的时间，则

$$t > t', t_i, d_j \quad (i=1,2,\cdots,8; j=1,2,3) \tag{5.10}$$

7. 约束七：奇偶数 CNC 机床的上料时间不同

RGV 为偶数编号 CNC 机床一次上下料所需时间要大于为奇数编号 CNC 机床一次上下料所需时间，即

$$t_i < t_{i'} \quad (i=1,3,5,7; i'=2,4,6,8) \tag{5.11}$$

5.3.3　总模型

以加工系统效率最高即 8 台 CNC 机床的总空闲时间最小为目标函数，在保证各种实际意义的约束条件下，建立单目标多约束非线性优化模型：

$$\min T = \sum_{i=1}^{8}\left[\sum_{k=1}^{n_i-1}(A_{i,k+1}-A_{i,k}-t)+8\times 3\,600-A_{i,n_i}-t\right]$$

$$\text{s.t.}\begin{cases}t_i+t' \leqslant A_{i,k+1}-A_{i,k}-t \leqslant M & (i=1,2,\cdots,8;k=2,3,\cdots,n_i-1)\\ t_i \leqslant A_{i,k+1}-A_{i,k}-t \leqslant M' & (i=1,2,\cdots,8;k=1)\\ |A_{j,k}-A_{m,l}| \geqslant t_1 & (m,j=1,2,\cdots,8;l,k=1,2,\cdots,n_i;m\neq j;l\neq k)\\ A_{i,n_i}+t+t' \leqslant 8\times 3\,600 & (i=1,2,\cdots,8)\\ A_{j,n} > \max(A_{i,n_i}) & (i=3,4,\cdots,8;j=1,2)\\ t>t',t_i,d_j & (i=1,2,\cdots,8;j=1,2,3)\\ t_i<t_{i'} & (i=1,3,5,7;i'=2,4,6,8)\end{cases}$$

式中：T 为 8 台 CNC 机床的总空闲时间；$A_{i,k}$ 为第 i 台 CNC 机床第 k 次工作的开始时间；t 为 CNC 机床对生料的加工时间；t_i 为 RGV 为第 i 台 CNC 机床上下料的时间，根据 i 的奇偶性确定不同取值；t' 为 RGV 对熟料的清洗作业时间；M 为智能加工系统出现的最大上限；n_i 为第 i 台 CNC 机床在 8 h 工作时间内可执行的最多次数；d_j 为 RGV 移动 j 步的时间。

5.4　算法设计

不考虑 RGV 移动和上下料时间产生的影响，得到周期调度模型（RGV 按照固定的路径重复遍历 8 台 CNC 机床）。在此模型基础上，可以得到 8 h 内 RGV 遍历 8 台 CNC 机床的次数 m。周期模型得到的次数 m 要小于每台 CNC 机床的实际加工次数 n。

在此基础上，设计模型的求解算法如下。

第一步，根据简化的周期模型，确定 8 h 内 RGV 遍历 8 台 CNC 机床的次数 m；

第二步，实际加工次数 n 取大于 m 的整数，代入优化模型；

第三步，利用 LINGO 软件求解该优化模型，得到每台 CNC 机床每次加工开始的时间 $A_{i,k}$；

第四步，以 8 h 为界限，加工结束时间最接近于 8 h 但不超过 8 h 所对应次数，为所求最优周期数 Y；

第五步，对数据结果按时间顺序进行排序，得 RGV 的最优路径，并计算出系统效率。

5.5　求　解　结　果

利用 MATLAB 求解简化的周期模型（即 RGV 依次遍历 8 台 CNC 机床），得到 8 h 内 RGV 遍历 8 台 CNC 机床的次数 $m=36$。在简化模型中，由于每个周期 RGV 都会有很长的等待时间，RGV 工作效率低下。本文的模型未忽略 RGV 的移动时间和上下料等时间，利用 7 个实际约束建立线性优化模型，RGV 不存在较长等待时间，因此得到的遍历次数 n 一定大于 36。因此，n 依次取大于 36 的正整数，代入优化模型中。利用 LINGO 软件求解，得到每台 CNC 机床每次加工的开始时间 $A_{i,k}$（表 5.1）。结合 8 h 的时间限制，得到 8 h 内 RGV 遍历 8 台 CNC 机床的最优周期数 $Y=41$。最后，将每台 CNC 机床每次加工的开始时间 $A_{i,k}$ 代入 MATLAB，整理得到 RGV 的动态路径（表 5.2）及系统的效率为 329 个/班次。

与最简单的周期模型相比，每班次能够多产出 41 个成料，优化效果明显。

依时间顺序得到的 RGV 动态路径如表 5.2 所示。

表 5.1　加工作业过程（部分省略）

加工物料序号	加工 CNC 机床编号	上料开始时间/min	下料开始时间/min
1	1	0	633.75
2	2	31	664.8245
3	3	79	696.8245
4	4	110	731.7609
5	5	158	778.75
6	6	189	811.964 9
7	7	237	871
8	8	268	904.75
9	1	633.75	1 316.5
10	2	664.8245	1 350.574
11	3	696.8245	1 379.574
⋮	⋮	⋮	⋮
137	1	11 557.75	12 240.5
138	3	11 584.07	12 266.82
139	2	11 604.07	12 286.82
140	5	11 666.04	12 348.79
141	4	11 686.04	12 368.79
⋮	⋮	⋮	⋮
327	6	27 463.88	28 146.88
328	8	27 649	28 334.75
329	1	27 943.75	28 531.75

表 5.2　RGV 动态路径

周期	RGV 动态路径
1	1→2→3→4→5→6→7→8
2	1→2→3→4→5→6→7→8
⋮	⋮
13	1→3→2→4→5→6→7→8
14	1→3→2→4→5→6→7→8
⋮	⋮
17	1→3→2→5→4→6→7→8
18	1→3→2→5→4→6→7→8
⋮	⋮
39	1→3→5→2→4→7→6→8
40	1→3→5→2→4→7→6→8
⋮	⋮
42	1→End

注：End 表示此时工作结束，系统已经关闭。

由结果可以看出，RGV 并非按照周期来移动的；在本模型下，随着时间的推移，RGV 会自动选择最优路径，从而实现加工系统的效率最大化。因此，本文的优化模型条件考虑周全，贴合实际，效果优良。

5.6　总　　结

RGV 的动态调度是智能加工系统提高企业制造能力和生产管理能力的关键。尽可能地从实际出发，提出更优化的方案，才能真正地使理论具有现实意义，才能真正地为企业提高收益。本文不忽略任何加工时间，除偶然因素外，真实还原实际的加工状态。建立以 RGV 效率最高为目标的非线性优化模型，利用 LINGO 软件对模型进行求解，得到最优调度方案。仿真表明，基于非线性优化模型的 RGV 调度策略更贴合实际，效率高于常见的周期性调度策略，能够有效提高工厂加工效率。

6 一种基于线性规划的人员分配优化问题的求解

针对不同市场、不同时间段服务人员需求分配问题，以总费用支出最小为目标，综合分析不同情况下对销售人员要求的约束，建立相关的线性规划模型，运用 LINGO 软件对模型进行求解，得到最优的人员分配方案及所需要花费的总支出，解决了商场既要完成任务又要节约劳务开支的实际问题。

6.1 引　　言

如今人员安排问题日趋复杂，一个好的人员安排策略既可以保证任务完成，又可以避免资源的浪费。本文根据实际问题试图对不同情况进行分析，综合运用数学建模的知识和相关软件，对人员安排问题进行求解，以给出最优的人员分配方案。

6.2 数据的获取及问题的假设

本文数据来源于实际问题（余胜威，2014）。为了将问题转变为线性规划问题，提出以下假设：①商场在一年时间内不会发生任何经济问题，运营状态稳定；②销售员都在指定时间内按照要求完成任务，且不存在商场克扣工资的情况；③商品的销售量只与销售员有关，不受其他因素影响；④商品在保质期内不会发生变质或其他任何影响销售的问题。

6.3 销售员分配问题的设计

6.3.1 研究思路

首先确定优化目标为商场雇用销售员的总费用最小，并列写目标函数；其次根据题意列写约束条件，即销售员在商场工作的约束和商场对销售员需求的约束；再次计算每个销售员工作的总时间和雇用他们的总费用；最后求解出使商场既能完成销售任务又可以使总费用最小的人员分配方案。

6.3.2 研究方法

根据四家商场、四个季度和五个销售员在时间与数量上的关系可以定义一个三维 0-1 变量 B_{ijk}，表示第 i 个商场在第 j 季度是否需要第 k 个销售员，需要为 1，不需要为 0。为了便于理解，可参考图 6.1 所示的变量结构图。

　　根据题意，销售员若在某商场工作，必须连续工作三个月，即一个季度。因此，可以将一年的销售时间分成四个部分，表示该产品的销售分四个季度，每个季度为三个月，所有的商品要在一年保质期内销售完，如图 6.2 所示。

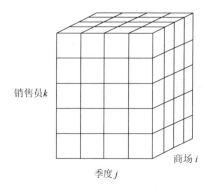 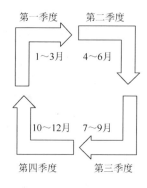

图 6.1　三维 0-1 变量结构图　　　　　　图 6.2　销售季度图

　　目标函数：根据雇用销售员的总费用与销售员的工作时间和月薪的关系，优化目标为总费用最小，目标函数可以表示为

$$\min W = \sum_{k=1}^{5} S_k \cdot T_k$$

式中：T_k 为每个销售员工作的总时间(按月计算)；S_k 为该销售员的月薪；W 为雇用五个销售员的费用之和。

　　约束条件如下：

　　(1) 每个销售员每个季度只能在一个商场里工作。在约束 0-1 变量 B_{ijk} 时，对于所有的"季度 j"和"销售员 k"，在"商场 i"维度上进行约束，如图 6.3 所示。

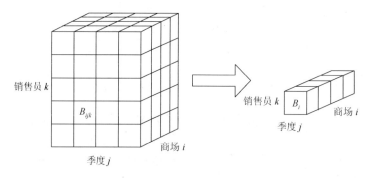

图 6.3　分离得到一维 0-1 变量 B_i

　　保持"商场 i"维度不变，对每个季度和每个销售员进行分离，可以得出 20 个 $4 \times 1 \times 1$ 的一维 0-1 变量 B_i。由题意可得，B_i 中只能有一个变量为 1，其他三个都是 0，它表示某个销售员在某一季度内只能在第 i 个商场工作，而不能在其他商场工作。因此，上述约束条件可以用公式表达为

$$0 \leqslant \sum_{i=1}^{4} B_{ijk} \leqslant 1 \quad (j=1,2,3,4; k=1,2,\cdots,5)$$

（2）每个商场要在一年的保质期内完成销售任务。那么每个商场的销售员工作总时间要大于完成销售任务的最低需求，即"供大于求"，才能保证销售任务的完成。

如图 6.4 所示，在约束 0-1 变量 B_{ijk} 时，保持"季度 j"和"销售员 k"两个维度不变，对"商场 i"这个维度进行分离，可以得到 4 个 $1 \times 4 \times 5$ 二维的 0-1 变量 B_{jk}。

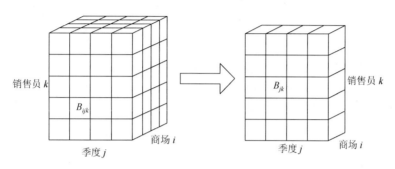

图 6.4   分离得到二维 0-1 变量 B_{jk}

当 B_{jk} 中的 20 个 0-1 变量之和的 3 倍数值（因为销售员在某商场时至少要工作一个季度，即三个月，所以需要乘以 3）大于完成销售任务的最低需求时，该商场才能在四个季度内完成销售任务。因此，上述约束条件可以用公式表达为

$$3 \sum_{k=1}^{5} \sum_{j=1}^{4} B_{ijk} \geqslant N_i \quad (i=1,2,3,4)$$

（3）对于每个销售员工作的总时间的约束，在约束 0-1 变量 B_{ijk} 时，保持"商场 i"和"季度 j"两个维度不变，对"销售员 k"这个维度进行分离，可以得到 5 个 $4 \times 4 \times 1$ 二维的 0-1 变量 B_{ij}，如图 6.5 所示。

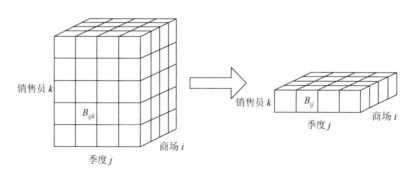

图 6.5   分离得到二维 0-1 变量 B_{ij}

由于一个季度有三个月，对于第 k 个销售员来说，其工作的总时间 T_k 为 k 角标对应的所有 B_{ij} 之和的三倍。

因此，上述约束条件可以用公式表达为

$$3\sum_{i=1}^{4}\sum_{j=1}^{4}B_{ijk} \geq T_k \quad (k=1,2,\cdots,5)$$

式中：T_k 为每个销售员工作的总时间，它等于该销售员每个季度在商场工作的时间之和。

综上所述，6.2 文中优化模型可以表达为

$$\min W = \sum_{k=1}^{5} S_k \cdot T_k$$

$$\text{s.t.} \begin{cases} 0 \leqslant \sum_{i=1}^{4}B_{ijk} \leqslant 1 & (j=1,2,3,4; k=1,2,\cdots,5) \\ 3\sum_{k=1}^{5}\sum_{j=1}^{4}B_{ijk} \geqslant N_i & (i=1,2,3,4) \\ 3\sum_{i=1}^{4}\sum_{j=1}^{4}B_{ijk} = T_k & (k=1,2,\cdots,5) \\ B_{ijk} = 0,1 \end{cases}$$

6.3.3　结果分析

由上述模型，结合题中已知数据，用 LINGO 软件编程可得出每个销售员于每个季度在每个商场的工作情况，见表 6.1。其中，0 表示该销售员不在商场内工作，1 表示销售员在商场内工作。

表 6.1　第一问中销售员的工作情况

商场	第一季度					第二季度					第三季度					第四季度				
	A	B	C	D	E	A	B	C	D	E	A	B	C	D	E	A	B	C	D	E
甲	0	0	0	1	0	0	0	0	1	0	0	0	1	1	0	0	0	1	0	0
乙	0	0	0	0	0	0	0	0	0	0	0	0	0	0	0	1	1	0	0	0
丙	0	0	1	0	0	0	1	1	0	0	0	0	1	0	0	0	0	0	0	0
丁	1	1	0	0	0	1	0	0	0	0	1	0	0	0	0	0	0	0	0	0

每个销售员在每个商场工作的总时间见表 6.2。例如，A 在乙商场工作 3 个月，在丁商场工作 9 个月。B、C、D 和 E 销售员同理。

表 6.2　第一问中每个销售员在每个商场工作的总时间　　　　（单位：月）

商场	销售员				
	A	B	C	D	E
甲	0	0	6	9	0
乙	3	3	0	0	0
丙	0	6	6	0	0
丁	9	3	0	0	0

由 LINGO 软件可以直接求解出雇用销售员的最小总费用,其最小总费用为 $W = 149\,400$ 元。

注意:本问存在多解情况,表 6.1 和表 6.2 仅为在 LINGO 软件中的结果。经测试,在其他版本的 LINGO 软件中,由于其求解器的不同,会产生不一样的销售员分配方案,但最小总费用仍为 149 400 元。

6.4 两人合作情况下分配问题的研究

6.4.1 研究思路

因为 A 和 B、B 和 C、C 和 D 三对销售员不能同时分配到同一商场工作,考虑上述情况,只需在第一问已有模型的基础上增加约束条件,对三维 0-1 变量 B_{ijk} 进行约束,再次用 LINGO 软件求解总费用最小的雇用销售员的方案即可。

6.4.2 研究方法

在第一问模型的基础上进行改良,由于三对销售员合作效率不佳,需对其进行约束处理,在约束变量 B_{ijk} 时,保持"销售员 k"维度不变,对"商场 i"和"季度 j"两个维度进行分离,可以得到 16 个 $1 \times 1 \times 5$ 的一维 0-1 变量 B_k,如图 6.6 所示。

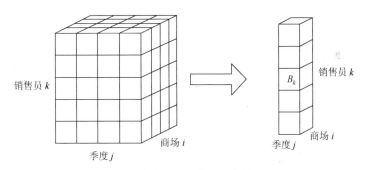

图 6.6 分离得到一维 0-1 变量 B_k

假如 A 和 B 不能同时分配到同一商场工作,则一维 0-1 变量 B_k 中 $B_1 + B_2$ 的值只能为 0 或 1,不能等于 2,可以用公式表达为

$$0 \leqslant B_1 + B_2 \leqslant 1$$

B 和 C、C 和 D 两对销售员同理,因此可以得到如下约束:

$$\begin{cases} 0 \leqslant B_{ij1} + B_{ij2} \leqslant 1 \\ 0 \leqslant B_{ij2} + B_{ij3} \leqslant 1 \\ 0 \leqslant B_{ij3} + B_{ij4} \leqslant 1 \end{cases}$$

对该约束中的三个不等式进行整理,可得到限制三对销售员同时工作的约束:

$$0 \leqslant \sum_{k=k_1}^{k_1+1} B_{ijk} \leqslant 1 \quad (k_1 = 1, 2, 3)$$

其余约束条件和目标函数与第一问一致，因此该问模型可用如下公式表示：

$$\min W = \sum_{k=1}^{5} S_k \cdot T_k$$

$$\text{s.t.} \begin{cases} 0 \leqslant \displaystyle\sum_{i=1}^{4} B_{ijk} \leqslant 1 \quad (j=1,2,3,4; k=1,2,\cdots,5) \\ 3\displaystyle\sum_{k=1}^{5}\sum_{j=1}^{4} B_{ijk} \geqslant N_i \quad (i=1,2,3,4) \\ 3\displaystyle\sum_{i=1}^{4}\sum_{j=1}^{4} B_{ijk} = T_k \quad (k=1,2,\cdots,5) \\ 0 \leqslant \displaystyle\sum_{k=k_1}^{k_1+1} B_{ijk} \leqslant 1 \quad (k_1=1,2,3) \\ B_{ijk} = 0,1 \end{cases}$$

6.4.3　结果分析

同理，由 LINGO 软件编程可得到各个销售员于每个季度在每个商场的工作情况，见表 6.3。其中，0 表示该销售员不在商场内工作，1 表示该销售员在商场内工作。

表 6.3　第二问中销售员的工作情况

商场	第一季度					第二季度					第三季度					第四季度				
	A	B	C	D	E	A	B	C	D	E	A	B	C	D	E	A	B	C	D	E
甲	0	0	0	1	0	0	0	1	0	0	0	0	0	1	0	1	0	1	0	0
乙	0	1	0	0	0	0	0	0	0	0	0	1	0	0	0	0	0	0	0	0
丙	0	0	1	0	0	0	1	0	0	0	0	0	1	0	0	0	0	0	1	0
丁	1	0	0	0	0	1	0	0	0	0	1	0	0	0	0	0	1	0	0	0

每个销售员在每个商场工作的总时间分配方案见表 6.4。例如，销售员 A 在甲商场工作 3 个月，在丁商场工作 9 个月。B、C、D 和 E 销售员同理。

表 6.4　第二问中每个销售员在每个商场工作的总时间　　　（单位：月）

商场	销售员				
	A	B	C	D	E
甲	3	0	6	6	0
乙	0	6	0	0	0
丙	0	3	6	3	0
丁	9	3	0	0	0

同时由 LINGO 软件可以直接求解出雇用销售员的最小总费用，其最小总费用仍然为 $W = 149\,400$ 元。由此可得出结论：虽然三对销售员合作效果不佳，但不会影响商场最终的用人成本。

注意：本问题存在多解情况，表 6.3 和表 6.4 仅为在 LINGO 软件中的运行结果。经测试，在其他版本的 LINGO 软件中，由于其内置求解器的更新换代，会产生不一样的销售员分配方案，但最小总费用仍为 149 400 元。

6.5　加快销售进度合理性的分析

6.5.1　研究思路

由于供货商采取奖励政策，如果所有商场能提前一个季度完成销售任务，则会获得 8000 元的奖励。要讨论是否需要加快销售进度，提前完成任务，只需在前两问的基础上改变时间约束，求出最优花费的总费用，将求得的总费用减去奖励金额，再与第二问的费用相比较，以此判断是否需要加快销售进度。

6.5.2　研究方法

在第一问和第二问的基础上，改变时间约束条件表达式如下：

$$0 \leqslant \sum_{i=1}^{4} B_{ijk} \leqslant 1 \quad (j = 1,2,3; k = 1,2,\cdots,5)$$

其中，$j = 1,2,3$ 表明销售时间从原来的四个季度调整到三个季度，以此表示压缩销售时间，加快销售进度，如图 6.7 所示。

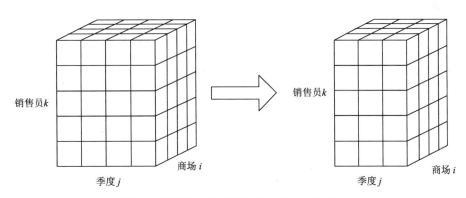

图 6.7　调整到三个季度时的三维 0-1 变量 B_{ijk}

其他约束条件和目标函数都不变，可以得到以下优化模型：

$$\min W = \sum_{k=1}^{5} S_k \cdot T_k$$

$$\text{s.t.} \begin{cases} 0 \leqslant \sum\limits_{i=1}^{4} B_{ijk} \leqslant 1 & (j=1,2,3; k=1,2,\cdots,5) \\ 3\sum\limits_{k=1}^{5}\sum\limits_{j=1}^{3} B_{ijk} \geqslant N_i & (i=1,2,3,4) \\ 3\sum\limits_{i=1}^{4}\sum\limits_{j=1}^{3} B_{ijk} = T_k & (k=1,2,\cdots,5) \\ 0 \leqslant \sum\limits_{k=k_1}^{k_1+1} B_{ijk} \leqslant 1 & (k_1=1,2,3) \\ B_{ijk} = 0,1 \end{cases}$$

6.5.3 结果分析

由上述模型，结合题中已知数据，用 LINGO 软件编程可得出各个销售员于每个季度在各个商场的工作情况，见表 6.5。其中，0 表示该销售员不在商场内工作，1 表示该销售员在商场内工作。

表 6.5　第三问中销售员的工作情况

商场	第一季度					第二季度					第三季度				
	A	B	C	D	E	A	B	C	D	E	A	B	C	D	E
甲	0	0	0	0	1	0	0	1	0	1	0	0	1	0	1
乙	0	0	1	0	0	0	0	0	0	0	0	0	0	1	0
丙	0	1	0	0	0	0	1	0	1	0	0	1	0	0	0
丁	1	0	0	1	0	1	0	0	0	0	1	0	0	0	0

每个销售员在每个商场工作的总时间分配方案见表 6.6。例如，销售员 A 在丁商场工作 9 个月。B、C、D 和 E 销售员同理。

表 6.6　第三问中每个销售员在每个商场工作的总时间　　　（单位：月）

商场	销售员				
	A	B	C	D	E
甲	0	0	6	0	9
乙	0	0	3	3	0
丙	0	9	0	3	0
丁	9	0	0	3	0

同时由 LINGO 软件可以直接求解出雇用销售员的最小总费用，其最小总费用为 $W = 156\,600$ 元，由于政策奖励 8000 元，故总费用为 148 600 元，与第二问相比，总费用支出较少。由此能得出结论：商场可以加快销售进度，提前完成任务。

注意：本问题存在多解情况，表 6.5 和表 6.6 仅为在 LINGO 软件中的运行结果。经测试，在其他版本的 LINGO 软件中，由于内置求解器的更新，会产生不一样的销售员分配方案，但不计 8000 元奖励金时的最小总费用仍为 156 600 元。

6.6　评价与推广

三维 0-1 规划不同于二维 0-1 规划的地方在于，前者是对一个立体进行约束，而后者是对一个平面进行约束，因此从复杂程度上来说，前者比后者更有难度。但是本文创新性地从"立体的维度"出发，将需要约束的维度进行分离，从而把一个复杂的三维变量降维成二维变量或一维变量，以此将一个复杂的模型拆分成大家熟悉的 0-1 规划模型，使求解过程更加简便。

三维 0-1 规划不仅适用于与此题类似的人员分配问题，也可以用于仓库货物调度、三维装箱和生产计划安排等问题，应用较为广泛。

6.7　总　　结

本文针对三种人员分配问题，设定了一些常量和决策变量来对模型进行优化设计。考虑了完成任务总费用最优化问题的求解，建立了线性规划模型，在合理的假设下，对不同情况提出了相应的最优人员分配方案。

7 GPS 警车巡逻方案规划

本文分别以两种（点、线）覆盖率为假设，针对全境建立 0-1 非线性规划模型求解巡逻域，并使用计算机仿真得到多种巡逻方案，最后对两种假设结果进行了对比分析，延伸巡逻评价指标，综合分析得出最好的巡逻方案。

7.1 引　　言

110 警车在街道上巡弋，既能够对违法犯罪分子起到震慑作用，降低犯罪率，又能够增加市民的安全感，同时也加快了接处警（接受报警并赶往现场处理事件）时间，提高了反应时效，为社会和谐提供有力的保障。如何规划 110 警车巡逻路线，使得巡逻效率达到最大呢？本文对通过计算机仿真得到的各种方案进行巡逻相关指标的对比分析，给出了合理的优化设计方案。

7.2 数据来源与模型假设

数据来源于 2009 年全国研究生数学建模竞赛 D 题。为方便解决问题，提出以下假设：①行车时速度不受外界因素（包括避让行人和红绿灯等）的影响；②在同一时间不同地点内不会发生两起不同案件；③案件不会发生在水域、空域等其他非道路区域上；④罪犯不会对刑侦进行反侦察活动；⑤所出现案件都可以被很好地解决，不会引发大规模骚动，案件的处理时间几乎可以忽略；⑥接警导致巡逻路线的改变不影响巡逻的效果。

7.3 覆盖模型的确定和建立

7.3.1 研究思路

对题中给出的所有直达路径，通过 Floyd 算法建立最短路矩阵。在线覆盖率计算时，将题目所给地图中所有的线段细化，分割成精度更高的离散点，近似表示连续路径。对覆盖区域有两种处理方式：第一种以各道路的端点代替这条道路，考虑在指定时间和速度条件下，一定数量的警车在 3 min 内可覆盖的点能达到总点数的 90%，并且在接到重点区域的报警后能在 2 min 之内赶到现场，即点覆盖模型；第二种将道路离散化成点，再用离散化得到的点来代替道路。本题以每分钟为研究对象，而警车在接到报警后每分钟的行驶路程为 333 m，因此选择 333 m 作为离散步长。本文直接以道路本身为研究对象，即采用线覆盖模型。

7.3.2　研究方法

1. 覆盖道路时的数据处理

1）道路离散化及其插入点坐标的计算

由题意知，警车在巡逻时平均速度为 20 km/h，即每分钟行驶距离约为 333 m。在此基础上，本文的研究内容将以每分钟为研究对象，因此将警车每分钟的行驶距离作为对道路离散化的标准。

这里对原题地图数据的处理为，用道路上的结点近似表示整条道路。如果警车的执勤范围能覆盖这些结点，则认为警车的执勤范围也能覆盖相应的整条道路。根据本文建立的道路离散化标准，即只需道路上任意两结点之间的距离不大于 333 m，就可以用结点近似表示整条道路。在已知的道路图中，对于较短的道路，用端点所在结点即可近似表示该道路；对于较长的道路，本文中采用在该道路上插入几个结点的方法，并使这些结点之间的距离不大于 333 m，用插入后的结点与道路端点来近似模拟原来的道路（图 7.1）。

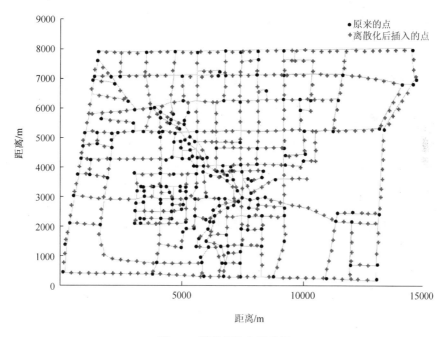

图 7.1　道路离散化示意图

为确定在长道路上新结点的位置，首先计算当前线段长度 l，与巡逻车每分钟的巡逻路程 d 相比较，若 l 大于 d，则新产生点坐标为 $B(x, y)$。假设与其在同一水平线上左边和右边第一个已知坐标的点分别为 $A_1(x_1, y_1)$ 和 $A_2(x_2, y_2)$，A_1 到 B 的距离为 L。由相似三角形的性质可得点 $B(x, y)$ 的横、纵坐标分别为

$$\begin{cases} x = \dfrac{667(x_2 - x_1)}{L} + x_1 \\ y = \dfrac{667(y_2 - y_1)}{L} + y_1 \end{cases}$$

然后，将新加的点插入存放坐标的数组末端，并将原来的边从边集合移除，加入两条新的边，依此遍历所有的边。

2）道路上各离散点两两之间的距离和最短距离的计算

在将道路离散化，并求出各离散点的坐标后，根据数据文件中给出的各结点的坐标计算出各结点的距离。

设结点 i 和 j 的坐标分别为 (x_i, y_i) 与 (x_j, y_j)，则两点之间的直线距离为

$$l_{ij} = \sqrt{(x_i - x_j)^2 + (y_i - y_j)^2}$$

2. 各点到三个重点区域的最短路的计算

（1）计算三个重点区域的坐标，记为 (x_1, y_1)、(x_2, y_2) 和 (x_3, y_3)。

（2）计算各点到三个重点区域的距离 $l_{ik}(i = 1, 2, \cdots, n; k = 1, 2, 3)$。

（3）更新各点包括三个重点区域的距离矩阵。三个重点区域和其他点的距离为 $l_{ij} = \sqrt{(x_i - x_j)^2 + (y_i - y_j)^2}$ 中的 $l_{ik}(i = 1, 2, \cdots, n; k = 1, 2, 3)$。其他各点的距离用各自的最短路径替代，得到距离矩阵 $\boldsymbol{A}$。

（4）根据计算出的距离建立各点之间的距离矩阵 $\boldsymbol{d}$，然后采用 Floyd 算法。根据计算出的最短路，建立该区域各点的邻接矩阵 $\boldsymbol{A}_0(a_{ij}^{(0)})_{n \times n}$。其中，$a_{ij}^{(0)} = 0(i = 1, 2 \cdots, n)$；当结点 i、j 之间没有道路时，取 $a_{ij}^{(0)} = \infty$；当 i、j 结点之间有道路时，取 $a_{ij}^{(0)} = w_{ij}$。

步骤 1：对该矩阵赋初值，$k = 0$，$\boldsymbol{A}_0(a_{ij}^{(0)})_{n \times n}$。

步骤 2：计算 $a_{ij}^{(k)} = \min\left[a_{ij}^{(k-1)}, a_{ik}^{(k-1)} + a_{kj}^{(k-1)}\right](i, j = 1, 2, \cdots, k)$，其中，$a_{ij}^{(k)}$ 表示从结点 i 到结点 j 的路径上所经过的结点序号不大于 k 的最短路径长度。

步骤 3：递推产生一个矩阵序列 $\boldsymbol{A}_0, \boldsymbol{A}_1, \boldsymbol{A}_2, \cdots, \boldsymbol{A}_k$（$0 < k < n$）。

当 $k = n$ 时，可以得到最短路，即矩阵 $\boldsymbol{A}_n$ 就是各顶点之间的最短路值。

因此，得到的最短路线是 r_{ij}，而各点之间的距离为矩阵 $\boldsymbol{d}$。

7.3.3 覆盖模型的确立

1. 目标分析

建立一个 0-1 向量 $\boldsymbol{F}_n$，使得

$$F_i \in \{0, 1\} \quad (\forall i)$$

F_i 表示最多使用的 n 辆车中，第 i 辆车是否被使用，使用记为 1，未使用记为 0。其中，n 为计算的点的个数，在点覆盖模型中取点的数量 $n = 307$，在线覆盖模型中取 $n = 834$。

欲使使用的警车数 N 最小，建立目标函数如下：

$$\min N = \sum_i^n F_i$$

为让巡逻效果更加显著，则需使用的车巡逻半径最大，其中 R 为巡逻车巡逻半径，r_i 为第 i 辆车的巡逻半径，建立目标函数如下：

$$\max R = \frac{1}{N}\sum_i^n r_i \cdot F_i$$

2. 约束分析

巡逻车以接警速度行驶，在 3 min 内能到达的结点数目不小于图中结点数的 90%，建立 0-1 矩阵如下：

$$D_{ij}=\begin{cases}1 & (S_{ij}\leqslant v\cdot t_n)\\0 & (S_{ij}>v\cdot t_n)\end{cases}$$

式中：D_{ij} 为第 i 辆警车能否到达第 j 个结点；S_{ij} 为第 i 辆警车到第 j 个结点的最短路距离；v 为警车接警后的行驶速度，将速度单位转化为 m/min，取 $v=\frac{40}{0.06}$；t_n 为普通结点上警车的最大接警时间，取 $t_n=2$。可以得到如下不等式：

$$\sum_{i=1}^n\left(F_i\cdot\sum_{j=1}^n D_{ij}\right)\geqslant 0.9n$$

同时，巡逻车以接警速度行驶，2 min 内至少有一辆车到达重要结点，建立 0-1 矩阵如下：

$$D_{ij}'=\begin{cases}1 & (S_{ij}'\leqslant v\cdot t_m)\\0 & (S_{ij}'>v\cdot t_m)\end{cases}$$

式中：D_{ij}' 为第 i 辆警车能否到达第 j 个重要结点；S_{ij}' 为第 i 辆警车到第 j 个重要结点的最短路距离；v 为警车接警后的行驶速度，将速度单位转化为 m/min，取 $v=\frac{40}{0.06}$；t_m 为警车的接警时间，取 $t_m=2$。可以得到如下不等式：

$$\sum_{i=1}^n(F_i\cdot D_{ij}')\geqslant 1 \quad (\forall j)$$

3. 覆盖模型的求解（初步方案）

在上文中建立的 0-1 规划模型属于纯整数规划，变量在 500 m 以内，可以直接通过 LINGO 软件求解。但所有可计算的常量都通过 MATLAB 事先来计算，其中主要是 D_{ij}、D_{ij}' 的计算。本文分别计算两种精度下的 90% 覆盖率，并分别求解。

图 7.2 表示的是在不同巡逻区域大小时，满足整体覆盖 90% 要求的需要的最少车辆数。通过图形和实际分析，选择以 800 m 为半径巡逻比较理想。最终计算得到了两种覆盖模型的具体实现方案，点覆盖模型方案见表 7.1，方案实施平面示意图如图 7.3 所示；线覆盖模型方案见表 7.2，方案实施平面示意图如图 7.4 所示。

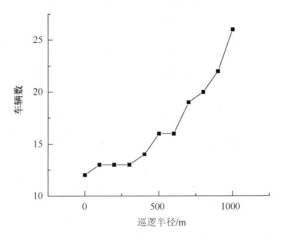

图 7.2　覆盖模型与车辆数的关系

表 7.1　点覆盖模型方案（表中仅展示前五车域数据）

车域	中轴点坐标		巡逻域
	x	y	巡逻半径选择 800 m，共有结点 307 个，覆盖点 282 个，覆盖率 91.857%
1	9630	7992	4,5,16
2	2502	7902	12
3	6534	7290	19,22,28
4	8100	6606	23,41,42,52
5	11 376	6318	45

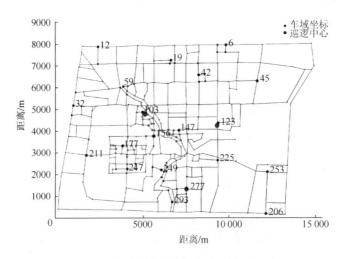

图 7.3　点覆盖模型方案实施平面示意图

表7.2 线覆盖模型方案（表中仅展示前五车域数据）

巡逻半径选择700 m，共有结点463个，覆盖点417个，覆盖率90.065%

车域	中轴点坐标		巡逻域
	x	y	
1	9162	7992	4,5,15,313,454
2	14 040	6840	35,39,40,345,347
3	9846	5976	48,61,63,78,362
4	4626	5814	57,68,70,338
5	1080	5202	67,92,94,111,350

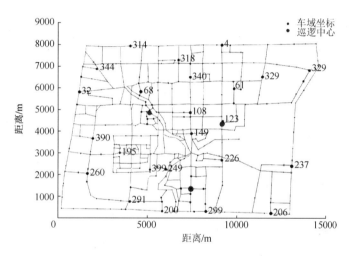

图7.4 线覆盖模型方案实施平面示意图

7.3.4 巡逻效果分析

警车巡逻可以提高市民的安全感，提高执勤范围覆盖率，增加执勤范围倍比，威慑犯罪分子。因此，考虑从下面几个方面设计指标，考察巡逻效果。

1. 市民安全感函数的确定

110警车巡逻可以增加市民的安全感，因此对市民的安全感进行量化，并将其作为巡逻效果的评价标准。通过相关分析可抽象认为结点上市民的安全感与上一次警车到达时间相关，且满足以下函数：

$$s_i = \mathrm{e}^{-t_i} \quad (t_i > 0, i \in (0, +\infty))$$

式中：i 为该区域路段上的点；$t_i = t(i)$，为最近的一次警车离开 i 点的时间，对于不同的点 i 有不同的离去时间，即 t_i 为关于 i 的随机变量。当警车停在当前位置时，$t = 0$，该地

安全感有最高值 $s = 1$；当警车离开该地时，随着时间的推移，安全感逐渐下降，并且下降速率呈递减趋势，整体趋势如图 7.5 所示。

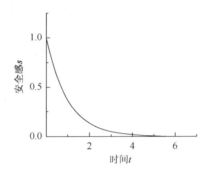

图 7.5　结点上市民的安全感函数

1）区域内公众的安全感总和

由上述市民安全感函数知，在某一时刻，该区域所有点处的公众的安全感总和可表示为

$$S_t = \int_0^{+\infty} s_i \mathrm{d}i = \int_0^{+\infty} \mathrm{e}^{-t_i} \mathrm{d}i$$

线路离散化后，得

$$S_t = \sum_{i=1\text{或}0}^n \mathrm{e}^{-t_i} \Delta i \quad (n\text{为点的个数})$$

所以在某一段时间内，该区域所有点处公众的安全感总和为

$$S = \int_{t'}^{t''} S_t \mathrm{d}t = \int_{t'}^{t''} \int_0^{+\infty} \mathrm{e}^{-t_i} \mathrm{d}i \mathrm{d}t$$

再将时间以 1 min 为单位进行离散化，得

$$S = \sum_{t=t'}^{t''} \sum_{i=1}^n \mathrm{e}^{-t_i} \Delta i \Delta t$$

可绘出某点安全感随时间变化的曲线，如图 7.6 所示。

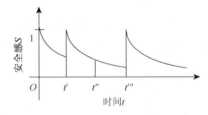

图 7.6　在某段时间内某点的安全感变化曲线

2）安全感模型建立的合理性检验

对图 7.6 分析可知，根据该模型计算，得到的结论为，当巡逻车移动时，民众安全感的总和将会增加。

现证明如下。

如图 7.7 所示的一个最简单的道路图中，假设有三个点 A、B、C 相互连通，初始时刻有巡逻车 a 出现在 A 点，此时 $S_A=1$，$S_B=0$，$S_C=1$，所以 $S_{t_0}=S_A+S_B+S_C=1$，$E(S_{t_0})=1$（E 表示期望）。

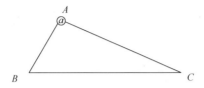

图 7.7　示例道路图

t_1 时刻（假设时间间隔均为 $\Delta t=1$），a 从 A 到 B，此时 $S_A=\mathrm{e}^{-t_1}=\mathrm{e}^{-1}$，$S_B=1$，$S_C=0$，则 $S'_{t_1}=S_A+S_B+S_C=1+\mathrm{e}^{-1}$；$a$ 从 A 到 C，此时 $S_A=\mathrm{e}^{-t_1}=\mathrm{e}^{-1}$，$S_B=0$，$S_C=1$，则 $S''_{t_1}=S_A+S_B+S_C=1+\mathrm{e}^{-1}$，$E(S_{t_1})=(S'_{t_1}+S''_{t_1})/2=1+\mathrm{e}^{-1}$。

t_2 时刻，若 a 从 B 往 A 移动，则 $S'_{t_2}=1+\mathrm{e}^{-1}$；若 a 从 B 往 C 移动，则 $S''_{t_2}=1+\mathrm{e}^{-1}+\mathrm{e}^{-2}$；若 a 从 C 往 A 移动，则 $S'''_{t_2}=1+\mathrm{e}^{-1}$；若 a 从 C 往 B 移动，则 $S''''_{t_2}=1+\mathrm{e}^{-1}+\mathrm{e}^{-2}$，$E(S_{t_2})=(S'_{t_2}+S''_{t_2}+S'''_{t_2}+S''''_{t_2})/4=1+\mathrm{e}^{-1}+\dfrac{1}{2}\mathrm{e}^{-2}$。

归纳总结，各个时刻安全感总和的期望满足如下关系：

$$E(S_{t_0})\leqslant E(S_{t_1})\leqslant E(S_{t_2})\leqslant\cdots\leqslant E(S_{t_{n-1}})\leqslant E(S_{t_n})$$

上式可用数学归纳法证明，具体如下。

在 t_1 时刻即 $k=1$ 时，

$$E(S_{t_0})\leqslant E(S_{t_1})$$

上式成立。

在 t_2 时刻即 $k=2$ 时，

$$E(S_{t_1})\leqslant E(S_{t_2})$$

上式也成立。

假设 t_k 时刻，上述不等式同样成立，则有

$$E(S_{t_{k-1}})\leqslant E(S_{t_k})$$

此时，

$$E(S_{t_k})=E(s_{A_k})+E(s_{B_k})+E(s_{C_k}), \qquad E(S_{t_{k-1}})=E(s_{A_{k-1}})+E(s_{B_{k-1}})+E(s_{C_{k-1}})$$

在 t_{k-1} 时刻，若 a 是从 A 到 C，则 $E(s_{A_k})=E(s_{A_{k-1}})\mathrm{e}^{-1}=\mathrm{e}^{-1}$，$E(s_{B_k})=E(s_{B_{k-1}})\mathrm{e}^{-1}$，$E(s_{C_{k-1}})=1$；若 a 是从 A 到 B，则 $E(s_{A_k})=E(s_{A_{k-1}})\mathrm{e}^{-1}=\mathrm{e}^{-1}$，$E(s_{B_k})=1$，$E(s_{C_k})=E(s_{C_{k-1}})\mathrm{e}^{-1}$，有

$$E(S_{t_k})=\frac{2+E(s_{A_{k-1}})\mathrm{e}^{-1}+[E(s_{A_{k-1}})+E(s_{B_{k-1}})+E(s_{C_{k-1}})]\mathrm{e}^{-1}}{2}=\frac{2+\mathrm{e}^{-1}+E(S_{t_{k-1}})\mathrm{e}^{-1}}{2}$$

即

$$\frac{2+\mathrm{e}^{-1}+E(S_{t_{k-1}})\mathrm{e}^{-1}}{2}\geqslant E(S_{t_{k-1}})$$

在 t_{k+1} 时刻,若 a 是从 C 到 A,则 $E(s_{A_{k+1}})=1$, $E(s_{B_{k+1}})=E(s_{B_k})\mathrm{e}^{-1}$, $E(s_{C_{k+1}})=E(s_{C_k})\mathrm{e}^{-1}=\mathrm{e}^{-1}$; 若 a 是从 C 到 B,则 $E(s_{A_{k+1}})=E(s_{A_k})\mathrm{e}^{-1}$, $E(s_{B_{k+1}})=1$, $E(s_{C_{k+1}})=E(s_{C_k})\mathrm{e}^{-1}=\mathrm{e}^{-1}$; 若 a 是从 B 到 A,则 $E(s_{A_{k+1}})=1$, $E(s_{B_{k+1}})=E(s_{B_k})\mathrm{e}^{-1}=\mathrm{e}^{-1}$, $E(s_{C_{k+1}})=E(s_{C_k})\mathrm{e}^{-1}$; 若 a 是从 B 到 C,则 $E(s_{A_{k+1}})=E(s_{A_k})\mathrm{e}^{-1}$, $E(s_{B_{k+1}})=E(s_{B_k})\mathrm{e}^{-1}=\mathrm{e}^{-1}$, $E(s_{C_{k+1}})=1$, 有

$$E(S_{t_{k+1}})=\frac{[2+E(s_{C_k})\mathrm{e}^{-1}+E(S_{t_k})\mathrm{e}^{-1}]+[2+E(s_{B_k})\mathrm{e}^{-1}+E(S_{t_k})\mathrm{e}^{-1}]}{4}$$

$$=\frac{2+\mathrm{e}^{-1}+E(S_{t_{k-1}})\mathrm{e}^{-1}}{2}$$

同样有

$$\frac{2+\mathrm{e}^{-1}+E(S_{t_k})\mathrm{e}^{-1}}{2}\geqslant E(S_{t_k})$$

即

$$E(S_{t_k})\leqslant E(S_{t_{k+1}})$$

综上所述, $E(S_{t_0})\leqslant E(S_{t_1})\leqslant E(S_{t_2})\leqslant\cdots\leqslant E(S_{t_{n-1}})\leqslant E(S_{t_n})$。

因此,由原模型得到的结论符合客观事实,该模型的建立是合理的。

3)基于安全感计算函数的评价函数的性质

通过计算下式可知,此方程在 $E(S_{t_k})=1.45$ 时收敛。由此可以得出结论:在巡逻车移动的过程中,公众的安全感的期望将呈上升趋势。

$$\begin{cases}E(S_{t_k})=\dfrac{2+\mathrm{e}^{-1}+E(S_{t_k})\mathrm{e}^{-1}}{2}\\E(S_{t_0})=1\end{cases}$$

其次,当巡逻车在进行巡逻时,整个区域的公众的安全感将逐渐上升,并且最终趋近于一个常数,证明如下。

假设 t_{k+1} 时刻, a 是从 A 到 C,则 $E(s_{A_k})=\mathrm{e}^{-1}$, $E(s_{B_k})=E(s_{B_{k-1}})\mathrm{e}^{-1}$, $E(s_{C_k})=1$, $E(S_{t_k})=1+\mathrm{e}^{-1}+E(s_{B_{k-1}})\mathrm{e}^{-1}$。

在 t_{k+1} 时刻,若 a 是从 C 返回到 A,则 $E(s_{A_{k+1}})=1$, $E(s_{B_{k+1}})=E(s_{B_k})\mathrm{e}^{-1}$, $E(s_{C_{k+1}})=E(s_{C_k})\mathrm{e}^{-1}=\mathrm{e}^{-1}$, $E'(S_{t_{k+1}})=1+\mathrm{e}^{-1}+E(s_{B_k})\mathrm{e}^{-1}=1+\mathrm{e}^{-1}+E(s_{B_{k-1}})\mathrm{e}^{-2}<E(S_{t_k})$, 即 $E'(S_{t_{k+1}})<E(S_{t_k})$。

若 a 是从 C 到 B 且不返回 A,则 $E(s_{A_{k+1}})=E(s_{A_k})\mathrm{e}^{-1}$, $E(s_{B_{k+1}})=1$, $E(s_{C_{k+1}})=E(s_{C_k})\mathrm{e}^{-1}=\mathrm{e}^{-1}$, $E''(S_{t_{k+1}})=1+\mathrm{e}^{-1}+E(s_{A_k})\mathrm{e}^{-1}$。

又有 $E(S_{t_k})\leqslant E(S_{t_{k+1}})=\dfrac{[E'(S_{t_{k+1}})+E''(S_{t_{k+1}})]}{2}$, 即 $2E(S_{t_k})\leqslant[E'(S_{t_{k+1}})+E''(S_{t_{k+1}})]$, 且有 $E'(S_{t_{k+1}})<E(S_{t_k})$。

因此, $E''(S_{t_{k+1}})>E(S_{t_k})$, 且有 $E''(S_{t_{k+1}})>E'(S_{t_{k+1}})$。

同时可知,警车在巡逻途中前往未曾到达的结点,整个区域的公众的安全感将增加;相反,车前往已到过的结点,整个区域的公众的安全感将降低。并且警车的巡逻面积越大,整个区域的公众的安全感的增加越显著。

2. 基于执勤范围覆盖率的评价模型的建立

巡逻过程中，希望有较多的结点被包含在警车的执勤范围内。因此这里以执勤范围覆盖率为目标，设计一个评价模型。

假设在某一时刻下，建立 0-1 矩阵 $\boldsymbol{G}=(g_{ij})_{m\times n}$：

$$g_{ij}=\begin{cases}1 & (S_{ij}\leqslant vt_r)\\ 0 & (S_{ij}>vt_r)\end{cases}$$

式中：g_{ij} 为此时第 j 辆警车能否在要求时间内到达第 i 个结点；S_{ij} 为第 i 辆警车到第 j 个结点的最短路；v 为接警后警车的行驶速度；t_r 为要求时间，取 $t_r=3$。

建立一个 0-1 向量 $\boldsymbol{B}=(b_i)_{n\times 1}$：

$$b_i=\begin{cases}0 & \left(\displaystyle\sum_{j=1}^{m}g_{ij}=0\right)\\[2ex] 1 & \left(\displaystyle\sum_{j=1}^{m}g_{ij}>0\right)\end{cases}$$

式中：b_i 为第 i 个结点报警后警车能否在要求时间内达到。

因此，警车执勤范围的覆盖率为

$$R_1=\frac{1}{n}\sum_{i=1}^{n}b_i$$

同时希望有一个区域被包含在多个警车的执勤范围内。因此，这里以执勤范围倍比设计一个评价模型。

根据上式，记每个结点被包含在 c_i 个警车的执勤范围内，则

$$c_i=\sum_{j=1}^{m}g_{ij}$$

故执勤范围倍比为

$$R_2=\frac{1}{n}\sum_{i=1}^{n}c_i$$

3. 巡逻效果显著性评价

利用上文确定的评价方法对上述巡逻方案进行评价，得到评价标准如表 7.3 所示。

表 7.3　不同巡逻方案的显著性评价

模型	安全感	覆盖率	覆盖倍比
点覆盖模型	16.23	0.98	1.73
线覆盖模型	24.23	0.96	1.67

　　从表 7.3 中数据可知，线覆盖模型与点覆盖模型比较起来，安全感更高，这与现实生活的情况完全吻合：一是线覆盖模型中使用的警车多于点覆盖模型；二是线覆盖模型实现了警车地区的完全覆盖，覆盖区域比点覆盖模型要全面。

　　同时，两种模型的覆盖率都达到 0.95 以上，说明每个时刻平均 95%以上的点或线在警车的执勤范围内，巡逻效果十分显著。两种模型的覆盖倍比都高于 1.5，说明平均在 50%的情况下都可以实现同时处理两个案件，巡逻方案效果显著。

7.4　总　　结

　　利用严谨的运筹学对该问题中警车路线进行分析，采用计算机仿真的方法模拟两种覆盖情况的变化，充分利用了计算机进行迭代运算的优势，得出的结果精度较高，可以推广到相似系统的问题分析上。

第2部分 网络优化

    现实生活中，很多问题涉及的因素很多，因素之间相互关联，错综复杂，形成一个网状结构。在这个网状结构中，如何寻找一条路径，以期达到目标最优，是数学建模中经常遇到的问题。解决这个问题，经常要将网络知识和数学规划结合起来，进行网络优化。网络优化不同于一般的数学规划问题，经常以数据量大、过程复杂、计算烦琐而让人望而却步。

    图论起源于著名的哥尼斯堡七桥问题。在哥尼斯堡的普雷格尔河上有七座桥将河中的岛及岛与河岸连接起来，如下图所示，A、B、C、D 表示陆地。问题是要从这四块陆地中任何一块开始，通过每一座桥正好一次，再回到起点，然而无数次的尝试都没有成功。欧拉在 1736 年解决了这个问题，他用抽象分析法将这个问题化为第一个图论问题，即把每一块陆地用一个点来代替，将每一座桥用连接相应的两个点的一条线来代替，从而相当于得到一个图。欧拉证明了这个问题没有解，并且推广了这个问题，给出了对于一个给定的图可以以某种方式走遍的判定法则。这项工作使欧拉成为图论（及拓扑学）的创始人。

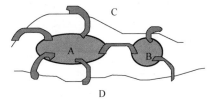

    1859 年，英国数学家哈密顿发明了一种游戏：有一个规则的实心十二面体，在它的 20 个顶点标出世界著名的 20 个城市，要求游戏者找一条沿着各边通过每个顶点刚好一次的闭回路，即绕行世界。用图论的语言来说，游戏的目的是在十二面体的图中找出一个生成圈。这个问题后来就叫作哈密顿问题。由于运筹学、计算机科学和编码理论中的很多问题都可以化为哈密顿问题，从而引起广泛的注意和研究。

    在图论的历史中，还有一个最著名的问题——四色猜想。这个猜想说，在一个平面或球面上的任何地图能够只用四种颜色来着色，使得没有两个相邻的国家有相同的颜色。每个国家必须由一个单连通域构成，而两个国家相邻是指它们有一段公共的边界，而不仅仅只有一个公共点。四色猜想有一段有趣的历史。每个地图可以导出一个图，其中国家都是点，当相应的两个国家相邻时这两个点用一条线来连接。因此，四色猜想是图论中的一个问题。它对图的着色理论、平面图理论、代数拓扑图论等分支的发展起到推动作用。

　　本部分将结合几个案例，运用网络优化的一些独特算法，将网络优化基本的解决模式展现给读者。

8 乘公交，看奥运

针对公交车最佳线路问题，首先构造转移矩阵描述各个站点之间的转乘关系，基于所建立的转移矩阵构建最短路优化模型，并分别以转乘次数最少、换乘时间最短、换乘费用最少为优化目标进行求解。在算法方面，设计了基于 Dijkstra 的启发算法对问题进行求解。

8.1 引　言

2008 年奥运会成功举办，举国兴奋，当时各国友人汇聚到北京，共同观看这一盛典，大部分的人会选择乘坐公共交通工具出行，北京的公共交通系统发达，公汽线路已达 800 条以上，如何选择一条合适的出行线路成为一个难题。

本文将会设计一个公汽线路自主查询系统，根据查询者的不同需求，在仅考虑公汽线路的条件下，给出任意两个公汽站点的最佳线路选择的模型和算法，并利用这一算法给出以下几个站点的最佳路线：①S3359→S1828；②S1557→S0481；③S0971→S0485；④S008→S0073；⑤S0148→S0485；⑥S087→S3676。

8.2 问题分析

在众多公汽线路中需要找出给定两点之间的最佳路线，首先需要构造一个有向图 $G(V, E, W)$，以图的形式来表示公汽站点之间的关系和路程长度，并以此为基础构造公汽路线转移矩阵。建立以换乘时间最少、换乘时间最短和换乘费用最少为优化目标的多目标优化模型，并利用 MATLAB 数学软件进行求解，得到两个站点之间的最佳换乘路线。

8.3 模型的建立

对于选择换乘路线问题，最常关注的就是换乘次数、换乘时间和换乘费用，如果一条路线可以实现换乘次数最少、换乘时间最短、换乘费用最少，那么这条路线对游客来说是最佳的。基于此，建立以换乘次数最少、换乘时间最短、换乘费用最少为优化目标的多目标优化模型。

8.3.1 图的构建

公汽线路网络数据庞大，各个站点之间的关系复杂，而有向图能够以简洁的方式来表达数据之间复杂的关系，因此构造有向图 G 来表示北京公汽线路网络。有向路线图 $G(V,$ $E，W)$ 包含三个元素，分别为站点 V、站点之间的有向路线 E 及路线权值 W。路线的权值会根据问题的不同发生变化，本文中站点的权值可以表示两站点之间的换乘最短时间 t、换乘所花费用 p 和换乘次数 n。

8.3.2　优化目标

1）换乘次数最少

（1）转移矩阵的构建。

任意两个站点之间只有两种关系，即直达和换乘。游客来到北京参观奥运会，必然会希望能够在出行上尽量少花费时间，若两个站点之间处于直达状态，则这条路线应该是一条推荐路线。因此，对各个站点之间的直达线路数进行统计：

$$h_{ij} = \begin{cases} n & (i \neq j) \\ 0 & (i = j) \end{cases}$$

式中：h_{ij} 为第 i 站点到第 j 站点直达线路数。由单一站点之间的直达线路上的数 h_{ij} 组成的公汽线路直达线路矩阵为

$$\boldsymbol{H}_{N \times N} = \begin{pmatrix} h_{11} & h_{12} & \cdots & h_{1N} \\ h_{21} & h_{22} & \cdots & h_{2N} \\ \vdots & \vdots & & \vdots \\ h_{N1} & h_{N2} & \cdots & h_{NN} \end{pmatrix}$$

式中：N 为站点总数；$\boldsymbol{H}_{N \times N}$ 为各个站点之间的直达线路数矩阵。那么从第 i 站点到第 j 站点的转移矩阵为

$$\boldsymbol{H}_{ij}^{n} = \sum_{k=1}^{N} \boldsymbol{H}_{ik}^{n-1} \boldsymbol{H}_{kj}$$

$\boldsymbol{H}_{ij}^{n}$ 表示 n 个矩阵 $\boldsymbol{H}_{ij}$ 的乘积，$n-1$ 的值为转乘次数。若第 i 站点到第 j 站点没有直达线路，则选择中间第 k 站点转乘，再转乘到第 j 站点。

（2）最少换乘次数矩阵的构建。

引入变量 s_{ij}，用来记录最小换乘次数。在寻找最小换乘次数时，首先要找到 n 的最小值。在计算 $\boldsymbol{H}_{ij}^{n}$ 时，会发现当 $\boldsymbol{H}_{ij}^{n} = \boldsymbol{O}$ 时，换乘已经结束，已经可以寻找到从站点 i 到站点 j 的换乘路线，那么 n 的最小值为当 $\boldsymbol{H}_{ij}^{n}$ 的值第一次为 $\boldsymbol{O}$ 时 n 的值，最小换乘次数 $s_{ij} = n-1$，由此可以构建相应的最小换乘次数矩阵 $\boldsymbol{S}$：

$$\boldsymbol{S}_{N \times N} = \begin{pmatrix} s_{11} & s_{12} & \cdots & s_{1N} \\ s_{21} & s_{22} & \cdots & s_{2N} \\ \vdots & \vdots & & \vdots \\ s_{N1} & s_{N2} & \cdots & s_{NN} \end{pmatrix}$$

（3）换乘次数优化目标的确定。

游客在参观奥运会时，必然希望在公汽线路上花费的时间最短，换乘次数最少，就以此为优化目标，建立数学模型：

$$x_{ij} = \begin{cases} 1 & \text{（位于路线上）} \\ 0 & \text{（不位于路线上）} \end{cases}$$

其中，x_{ij} 表示弧 $\widehat{ij}$ 是否位于从起点 i 到终点 j 的路线上，若弧 $\widehat{ij}$ 不是直达路线，再判断它能否通过中间点进行转乘，若能转乘，则 x_{ij} 的值记为 1，否则记为 0。基于此，在有向路线集合 E 中，从第 i 站点到第 j 站点换乘次数最少的优化目标：

$$\min \sum_{(i,j) \in E} x_{ij} - 1$$

2）换乘时间最短

游客在乘公汽出行时，出行时间包括三部分，分别为站点等待时间、公汽换乘公汽的时间和乘车时间。对于公汽网络中的乘车时间，建立乘车时间矩阵 t，那么从站点 i 到站点 j 的乘车总时间可以表示为

$$\sum_{(i,j) \in E} t_{ij} x_{ij}$$

每次进行公汽换乘的时间是 5 min，那么从站点 i 到站点 j 的换乘总时间可以表示为

$$5 \left(\sum_{(i,j) \in E} x_{ij} - 1 \right)$$

在出行的过程中，一定希望换乘的次数越少越好，由此建立优化目标：

$$\min \sum_{(i,j) \in E} t_{ij} x_{ij} + 5 \left(\sum_{(i,j) \in E} x_{ij} - 1 \right) + 3$$

3）换乘费用最少

除了对换乘次数进行优化外，还希望对换乘的费用进行优化。公汽的票价分为两种：一种是单一票价，为 1 元；另一种是分段计价，20 站以内票价为 1 元，40 站以内票价为 2 元，40 站以上票价为 3 元。为了表示乘坐的类型，引入变量 r_{ij}：

$$r_{ij} = \begin{cases} 1 & \text{（直达计价）} \\ 2 & \text{（分段计价）} \end{cases}$$

根据引入的变量 r_{ij}，可以表示分段计价时的票价 p_{ij}：

$$p_{ij} = \begin{cases} 1 & (r_{ij} = 1) \\ 1 & (r_{ij} = 2, \ s_{ij} \in [0, 20]) \\ 3 & (r_{ij} = 2, s_{ij} \in [21, 40]) \\ 4 & (r_{ij} = 2, s_{ij} \in [41, \infty)) \end{cases}$$

在乘坐公汽时，游客都希望在换乘次数最少的情况下，换乘的费用也可以最少，因此得到换乘总费用优化目标：

$$\min \sum_{(i,j) \in E} p_{ij} x_{ij}$$

8.3.3　约束条件

1）换乘次数限制

对于不同的游客，他们对于换乘次数的忍受上限 Con 不同，但都要保证所选路线的换乘次数不超过游客的忍受上限。

$$\sum_{(i,j)\in E} x_{ij} - 1 < \mathrm{Con}$$

当 Con 的值为 0 时，此时只可以选择直达路线；当 Con 的值为 ∞ 时，此时可以无限次换乘。在实际生活中，当 Con 的值小于相应的最小换乘次数 s_{ij} 时，无解。

2）最短路约束

对于有向图的任一路线，有起点、终点和中间点三种类型。在有向图中，x_{ij} 可以表示进入站点的边，同理可以理解 x_{ji}。对于任意路线，站点 i 的状态只有三种，起点、中间点或者是终点。下面根据这三种状态分别进行讨论。

（1）站点 i 为起点。

对于起点来说，只有出去的边而没有进入的边，那么从站点 i 出去的边数与进入站点 i 的边数之差为 1，即

$$\sum_{j=1}^{n} x_{ji} - \sum_{j=1}^{n} x_{ij} = 1$$

（2）站点 i 为中间点。

对于中间点来说，中间点既有出去的边也有进入的边，在任意一条路线上，中间点的净出入量为 0，即

$$\sum_{j=1}^{n} x_{ji} - \sum_{j=1}^{n} x_{ij} = 0$$

（3）站点 i 为终点。

对于终点来说，只有进入的边，那么在任意的路线上，从站点 i 出去的边数与进入站点 i 的边数之差为-1，即

$$\sum_{j=1}^{n} x_{ji} - \sum_{j=1}^{n} x_{ij} = -1$$

综上所述，建立多目标优化数学模型，对公汽换乘问题进行优化研究，数学模型如下：

$$\min \sum_{(i,j)\in E} p_{ij} x_{ij}$$

$$\min \sum_{(i,j)\in E} x_{ij} - 1$$

$$\min \sum_{(i,j)\in E} t_{ij} x_{ij} + 5\left(\sum_{(i,j)\in E} x_{ij} - 1\right) + 3$$

$$\text{s.t.} \begin{cases} \sum_{(i,j)\in E} x_{ij} - 1 < \text{Con} \\ \sum_{j=1}^{n} x_{ji} - \sum_{j=1}^{n} x_{ij} = 1 \quad (i\text{为起点}) \\ \sum_{j=1}^{n} x_{ji} - \sum_{j=1}^{n} x_{ij} = 0 \quad (i\text{为中间点}) \\ \sum_{j=1}^{n} x_{ji} - \sum_{j=1}^{n} x_{ij} = -1 \quad (i\text{为终点}) \\ x_{ij} = 0,1 \\ (i,j) \in E \end{cases}$$

8.4 模型的求解

根据所建立的模型，设计了基于转乘次数矩阵的求解算法，同时利用数学软件 MATLAB 进行求解，对结果进行验证。

本文设计基于转乘次数矩阵的求解算法，具体步骤如下。

步骤 1：输入乘车始点 i、终点 j、访问转乘次数矩阵 S。

若 $s_{ij} = 0$，有直达线路，输出所有直达线路信息，结束算法。

若 $s_{ij} = 1$，则具有转乘 1 次的线路，转步骤 2。

若 $s_{ij} = 2$，则有转乘 2 次的线路，转步骤 4。

若 $s_{ij} > 2$，则存在转乘大于 2 次的线路，但计算的时间复杂度非常高，终止邻接算法。

步骤 2：求经过站点 i 的线路 $s(i)$ 与其直达站点 $E(i,U)$，求经过站点 j 的线路 $T(j)$ 与其直达站点 $M(j,V)$。

步骤 3：若存在 $E(i,U) = M(j,V)$，则说明存在一次转乘的线路，但线路 $s(i)$、$T(j)$ 可能不止一种，将线路保存队列 U_1，转步骤 7。

步骤 4：求经过站点 i 的线路 $s(i)$，求经过站点 j 的线路 $T(j)$，并找出 $s(i)$ 和 $T(j)$ 线路上经过的站点。

步骤 5：将得到的站点代入转乘次数矩阵中查找，找出转乘次数为零的线路 $r(k)$，并求出 $r(k)$ 的直达站点 $G(k,w)$。

步骤 6：若存在 $G(k,w) = M(j,V)$，线路 $s(i)$、$T(j)$、$r(k)$ 可能不止一种，即两次转车的线路，保存队列 U_2，转步骤 7。

步骤 7：修改队列 U_1、U_2 中的成员，按其属性（路过的站点数、乘坐的车辆），根据不同目标计算总行程时间、费用等。

通过算法，把较优方案都记录在 U_1、U_2 中，根据不同的用户需求，来确定最佳线路。这对用户多需求是吻合的，但是对于转乘次数多余 2 次的线路，算法就很难运算了，因此针对不同目标分别求解得到无转乘次数限制的方案，来满足对于转乘次数多余 2 次的线路的求解。

在这里展示 S3359→S1828 的部分出行方案。这些方案属于在换乘次数、乘车时间和乘车费用都较好的结果，见表 8.1 和表 8.2。

表 8.1　1 次换乘结果表

转乘次数	总时间/min	转站点 1	车辆 1	车辆 2	转站点始发数	总负载	总费用/元
1	140	304	469	217	0	−1	3
1	143	519	469	167	0	−9	4
1	140	727	469	217	0	−1	3
1	110	1241	436	167	0	26	3
1	110	1241	436	217	0	26	3
1	104	1784	436	167	0	−15	3
1	104	1784	436	217	0	−15	3
1	140	2364	469	217	1	−1	3
1	128	2606	436	217	0	−50	3
1	140	3192	469	217	0	−1	3

表 8.2　2 次换乘部分结果表

转乘次数	总时间/min	转站点 1	转站点 2	车辆 1	车辆 2	车辆 3	转站点始发数	总负载	总费用/元
2	220	73	135	474	11	182	0	−8	5
2	160	73	218	474	345	182	0	−12	4
2	166	73	218	474	345	238	0	−12	4
2	202	73	533	474	345	238	0	−15	4
2	223	73	791	474	345	238	0	32	5
2	229	73	1100	474	345	238	0	82	5
2	151	73	1241	474	11	167	0	15	4
2	151	73	1241	474	11	217	0	15	4
2	232	73	1289	474	11	182	0	−9	5
2	196	73	1300	474	345	238	0	−15	4

表 8.1、表 8.2 中各项已按多目标分层序列法的默认目标排序（分别是表中转乘次数、总时间、总费用）。综述，本模型的求解方案集适用于所有用户，具有很强的实用价值。

8.5　总结和展望

通过构建转移矩阵，解决了在最短路规划中的转乘问题，使得转乘次数可以提前量化。设计了启发式算法，可以较快地得出结果。对于最佳线路问题，还可以考虑加入地铁、出租车等交通工具，使问题更加切合实际。

9 基于强化学习的路径搜索模型

网格环境中的路径搜索模型有基于蚁群算法的元胞蚂蚁模型、基于动态规划思想的 Dijkstra 算法。本文介绍了基于马尔可夫（Markov）决策过程的 Q 学习的路径搜索模型，并介绍了强化学习的一些理论基础。本文中以 10×10 的迷宫矩阵为例，可以拓展至更大的迷宫矩阵；给出目标点及障碍物位置，个体并不需要知道迷宫的整体结构，只需通过不断地与环境交互，进行"试错"（trial and error）学习，从而搜索到从起点到终点的一条最短路径。

9.1 引　　言

本文意在解决智能体走迷宫问题，迷宫中设有障碍，智能体需做到从任意起点出发，均能通过最短距离路径到达目标点。通常这类问题可以抽象为一个网格世界，每一步智能体可上、下、左、右移动，智能体需要得到一个最优策略，使其在每一个网格时都能根据该策略选择一个最优动作，从而保证整个路径是最优路径。下面将介绍如何得到这个最优策略。如图 9.1（a）所示，设网格为 M，S 和 D 表示起点与终点，"×"表示不可访问的格子，"."表示个体。如图 9.1（b）所示，个体在某一个状态可以进行四个方向的移动，以进入可达的新的格子。

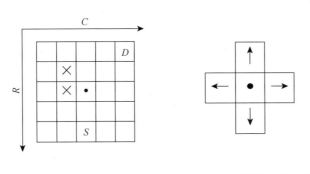

(a) 不同类型格子的标记　　　　　　(b) 个体所能移动的方向

图 9.1　网格环境和智能体的动作空间

9.2 问 题 分 析

首先需要定义个体所能采取的几个动作（action），分别表示为上、下、左和右。目标就是确保个体能够从起点以最短路径到达终点。个体在环境中的"所在位置"被表述为状态（state），在特定的时间 t 的状态 s 采取动作 a 转移到新的状态 s' 获得的回报（reward）r 称为一次状态转移。这个过程如图 9.2 所示。

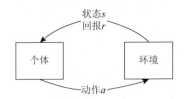

图 9.2　个体与环境的交互过程

回报是对于个体在状态 s 采取的动作 a 所得到的奖励信号，在本问题中，设置为–1，表示个体每走一步到达终点的可行的"路径长度"。问题的目标就可以转化为最小化这个"路径长度"。如图 9.3 所示，假设状态 1 作为个体的起始状态，状态 2 作为个体的终止状态，"左 = 1"代表了在某个状态下采取向左移动的概率。个体每进行一次状态转移都将会获得回报–1。最终收回的回报最小可以是–2，代表"路径长度"为 2。

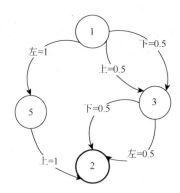

图 9.3　状态转移过程

为了简化走迷宫问题，设问题符合以下假设：
（1）假设环境符合马尔可夫性；
（2）假设个体始终能到达终点；
（3）假设迷宫仅仅有一个终点，且不能越过边界；
（4）假设环境 B 发生较大的变化。
为了规范地阐述相关算法，引入了如表 9.1 所示的名词。

表 9.1　名词定义

名词	定义
个体/智能体	在模拟系统中，算法实际操控的对象
行为	个体在某一个状态中能够采取的一种动作，如上、下、左、右。行为将会导致个体发生状态转移
回报	针对在特定情况下的个体，环境给予的个体采取某一行为的奖励信号

名词	定义
环境	个体交互的载体，能对个体的状态及采取的行动做出一定的反馈
序列	个体在环境中进行交互产生的一系列的状态、行为、回报、下一状态的有序集合。每一个序列中的最后一个状态为终止状态
策略	表示个体在某个状态下采取某个行为的概率函数
累积回报	个体在接下来的一段时间内对于未来回报的估计值
折扣因子	用于使累积回报项收敛的衰减率
折扣回报	一种形式的累积回报，使用折扣因子
状态值函数	表示当前状态下采取某个策略得到的累积回报或折扣回报
状态-行为值函数/Q 函数	表示当前状态执行某个动作，再执行某个策略得到的累积回报或折扣回报

表 9.2 中的符号将被用于描述相关算法。

表 9.2　符号说明

符号	说明
t	时间点
B	个体所在地环境
A	所有的状态空间
$A(S_t)$	个体在状态 S_t 所能够采取的动作的集合
$S_t \in S$	个体在时间点 t 的状态
r_t	个体在时间点 t 的回报值
$a_t \in A$	个体在时间点 t 采取的具体行为
$\pi(a\|s)$	在状态 s 下采取行为 a 的确定性策略的概率密度，$S \to A$
P	状态转移矩阵，$S \to S$
R	回报函数
γ	折扣因子
$G(\tau)$	在序列 τ 获得的折扣回报
τ	采样得到的序列
λ	折扣因子的衰减率
M	网格矩阵。$M \in \mathbf{N}^{r \times c}$，网格的 R 和 C 分别是垂直方向和水平方向，长度分别为 r 和 c。$M(i,j)$ 代表当前格子为障碍，否则表示可进入的格子
ε	ε -greedy 中，采用探索策略的概率
$p(\cdot\|s)$	状态转移概率
α	更新 Q 值的学习率

9.3　模型的建立与求解

9.3.1　马尔可夫决策过程

在个体寻找的过程中，会产生序列 $\tau = \{s_0, a_0, s_1, a_1, \cdots, s_{t-1}, a_{t-1}, s_T a_T\}$，个体从时间 0 开始与环境交互，在时间 T 为终止状态。设概率密度或者概率分布函数 $\pi(a_t | s_{t-1})$ 表示在 s_{t-1} 状态选择行为 a_t 的概率，希望个体在时间 t 采取的行为是

$$a_t^* = \arg\max_{a_t} \pi(a_t | s_{t-1}) \tag{9.1}$$

公式需要的条件很多，但是在迷宫问题中，个体在求下一个最优行为的时候不需要依赖于之前的信息。例如，个体并不需要知道自己是从何而来，只需要以当前的状态做出下一个决策而已，也就是说当前的状态与之前所经历的状态无关，这个特性可以被概括为马尔可夫性。

个体与环境交互的过程基于马尔可夫决策过程，用五元组表示为 $M = <S, A, \boldsymbol{P}, R, \gamma>$。

（1）S 表示状态集合：$s \subseteq S$。

（2）A 表示行为集合：$a \subseteq A$。

（3）$\boldsymbol{P}$ 表示状态转移矩阵，定义为 $P_{s_t \to s_{t+1}}^a$，即在状态 s_t 采取行为 a 转移到状态 s_{t+1} 的概率。

（4）R、γ 分别表示即时回报函数和折扣因子。

9.3.2　目标函数

1. 长期回报

在给定的概率密度 $\pi(a|s)$ 中，将个体和环境交互产生的序列 τ 获得的回报记为离散的长期回报：

$$G(\tau) = \sum_{t=0}^{T-1} \gamma^t R_{t+1} \tag{9.2}$$

式中：折扣因子 $\gamma \in (0,1)$，确保求和项收敛；R_{t+1} 为在时间点 $t+1$ 的回报。

2. 目标函数的定义

本文的目的自然是学习一个策略，希望个体能够获得更多的回报，可以定义最大期望回报，即个体执行一系列的行为获得更多的折扣回报：

$$\vartheta(\theta) = E_{\tau \sim p(\tau)}[G(\tau)] = E_{\tau \sim p(\tau)}\left(\sum_{t=0}^{T-1} \gamma^t R_{t+1}\right) \tag{9.3}$$

9.3.3　值函数

为了评估策略 π 的期望折扣回报，需要定义状态值函数和状态-行为值函数。

1. 状态值函数

策略 π 的期望的折扣回报可以分解为

$$E_{\tau \sim p(\tau)}\left[G(\tau)\right] = E_{s \sim p(s_0)}\left[E_{\tau \sim p(\tau)}\left(\sum_{t=0}^{T-1}\gamma^t R_{t+1}\Big|\tau_{s_0}=s\right)\right] = E_{s \sim p(s_0)}\left[V^\pi(s)\right] \qquad (9.4)$$

其中，$V^\pi(s)$ 定义为状态值函数，表示从状态 s 开始，以策略 π 得到的期望折扣回报。$V^\pi(s)$ 可以被递归地表示为贝尔曼方程：

$$V^\pi(s) = E_{a \sim \pi(a|s)}E_{s' \sim p(s'|s,a)}\left[R(s,a,s') + \gamma V^\pi(s')\right] \qquad (9.5)$$

其中，$R(s,a,s')$ 表示在状态 s 采取行为 a 转移到状态 s'的回报。给定策略 $\pi(a|s)$、状态转移概率 $p(s'|s,a)$ 和回报 $R(s,a,s')$，就可以通过迭代的方式计算 $V^\pi(s)$。

2. 状态-行为值函数

式（9.5）中，要求的第二个期望的意义为，在状态 s 采取行为 a 再执行策略 π 所获得的总的折扣回报的期望，在本文中，设为状态-行为值函数：

$$Q^\pi(s,a) = E_{s' \sim p(s'|s,a)}[R(s,a,s') + \gamma V^\pi(s')] \qquad (9.6)$$

那么状态值函数重新表示为

$$V^\pi(s) = E_{a \sim \pi(a|s)}[Q^\pi(s,a)] \qquad (9.7)$$

将式（9.7）变形为

$$V^\pi(s) = E_{a \sim \pi(a|s)}[Q^\pi(s,a)] = \sum_{a'}Q^\pi(s,a') \qquad (9.8)$$

就可以直观地表示为图 9.4。

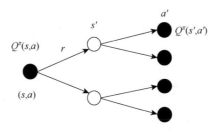

图 9.4　（s,a）所表示的 Q 值

实心圆圈表示（s,a）对，空心的圆圈表示一个状态

将式（9.8）代入式（9.6），得到关于 Q 函数的贝尔曼方程：

$$Q^\pi(s,a) = E_{s' \sim p(s'|s,a)}\{R(s,a,s') + \gamma E_{a' \sim \pi(a'|s')}[Q^\pi(s',a')]\} \qquad (9.9)$$

9.3.4　基于值函数的求解方法

值函数的作用就是用来评估策略 π，如果行为和状态的数量是有限的，可以对所有的策略进行评估，以获得最优策略 π^*：

$$\pi^* = \arg\max_\pi V^\pi(s) \tag{9.10}$$

如果状态空间和行为空间是离散空间，也就是 T 是有限的，那么要搜索的空间是 $|A|^{|S|}$，这个空间在复杂的问题中会变得很大。这需要通过迭代的方法，一步一步地优化策略。下一个策略为

$$\pi'(s) = \arg\max_a Q^\pi(s,a) \tag{9.11}$$

如果执行这个新的策略会更新当前状态 s 的状态值函数：

$$V^{\pi'}(s) \geqslant V^\pi(s) \tag{9.12}$$

现在要做的就是求解策略 π 的值函数。问题中已经明确了不知道当前的状态转移概率矩阵，传统的基于贝尔曼方程的动态规划方法（如值迭代算法）因需要状态转移概率而无法使用，这种问题称为免模型的强化学习方法。

1. 免模型的强化学习

免模型的强化学习包括蒙特卡洛（Monte Carlo，MC）方法和不需要一条完整的采样序列的时间差分（time difference，TD）方法。它们的基础都是 Q 函数。初始的状态 s_0 在执行动作 a_0 之后得到的折扣回报的期望为

$$Q^\pi(s,a) = E_{\tau \sim p(\tau)}[G(\tau_{s_0=s,a_0=a})] \tag{9.13}$$

其中，$\tau_{s_0=s,a_0=a}$ 是以个体的状态 s，采取的行为 a 为初始值的序列。如果模型未知，可以通过采样的方式进行计算：个体在环境 B 中随机游走，可以得到若干采样序列 $\tau^{(1)}, \tau^{(2)}, \cdots, \tau^{(m)}$。现在有 m 个轨迹，其总的累积折扣回报分别为 $G[\tau^{(1)}], G[\tau^{(2)}], \cdots, G[\tau^{(m)}]$。$Q$ 函数可以根据 MC 方法估计为

$$Q^\pi(s,a) \approx \widehat{Q^\pi}(s,a) = \frac{1}{m}\sum_{i=1}^m G[\tau_{s_0=s,a_0=a}^{(i)}] \tag{9.14}$$

按照大数定律，只要 $m \to \infty$，那么 $Q^\pi(s,a) = \widehat{Q^\pi}(s,a)$。接下来要做的就是提到的策略改进。如果不改进策略，那么 MC 方法得到的序列就是一样的，相当于 $a = \pi(s)$ 已经固定，MC 方法只能计算特定的 $Q^\pi(s,a)$。对于这个问题，即多臂赌博机中的探索与利用问题，在大多数强化学习算法中，都采用的是 ε-greedy 策略，贪心体现在总是以 $1-\varepsilon$ 的概率选择既定策略的行为（即利用行为）；否则总是以一个很小的概率 ε 随机选择行为（即探索行为）。可以把 ε-greedy 策略应用到某个策略 π 上：

$$\pi^\varepsilon(s) = \begin{cases} \pi(s) & (\varepsilon) \\ 随机选择动作 & (1-\varepsilon) \end{cases} \tag{9.15}$$

将 $\pi^\varepsilon(s)$ 作为选择动作的策略，同时将 $\pi^\varepsilon(s)$ 也作为改进的策略（目标策略）的算法称为同策略算法；如果仅仅将 $\pi^\varepsilon(s)$ 用于 MC 方法采样，目标策略是 π，这种算法称为异策略。在采用异策略的情况下，由于要优化的策略是 π，而产生轨迹的分布函数是 $\pi^\varepsilon(s)$，利用重要性采样，公式 $Q^\pi(s,a)$ 得到展开：

$$Q^\pi(s,a) = E_{\tau \sim p(\tau)}\left[G(\tau_{s_0=s,a_0=a})\right] = \int_\tau p_\pi(\tau)G(\tau_{s_0=s,a_0=a}) \tag{9.16}$$

由于序列并不是由策略 π 产生在式（9.16）最右侧的式子中，只能间接地将 $\tau \sim p_{\pi^\varepsilon}$ 代入

$$\int_\tau p_{\pi^\varepsilon}(\tau) \frac{p_\pi(\tau)}{p_{\pi^\varepsilon}(\tau)} G(\tau_{s_0=s,a_0=a}) \tag{9.17}$$

式（9.17）可以看作 $\dfrac{p_\pi(\tau)}{p_{\pi^\varepsilon}(\tau)} G(\tau_{s_0=s,a_0=a})$ 在分布函数 $p_{\pi^\varepsilon}(\tau)$ 下的期望。结合 MC 方法，改写式（9.14）为

$$Q^\pi(s,a) \approx \widehat{Q^\pi}(s,a) = \frac{1}{m} \sum_{i=1}^{m} \frac{p_\pi^{(i)}}{p_{\pi^\varepsilon}^{(i)}} G[\tau_{s_0=s,a_0=a}^{(i)}] \tag{9.18}$$

式中：$p_\pi^{(i)}$、$p_{\pi^\varepsilon}^{(i)}$ 分别为两个策略产生在第 i 条轨迹上的概率；$\dfrac{p_\pi^{(i)}}{p_{\pi^\varepsilon}^{(i)}}$ 为重要性权重。

在计算 $p_\pi^{(i)}$ 和 $p_{\pi^\varepsilon}^{(i)}$ 的过程中，假设序列 $\tau^{(i)} = \{s_0, a_0, s_1, a_1, \cdots, s_T, a_T\}$，在马尔可夫决策过程 M 中：

$$p_\pi^{(i)} = \prod_{t=0}^{T} \pi(a_t|s_t) P_{s_t \to s_{t+1}} \tag{9.19}$$

$$p_{\pi^\varepsilon}^{(i)} = \prod_{t=0}^{T} \pi^\varepsilon(a_t|s_t) P_{s_t \to s_{t+1}} \tag{9.20}$$

在计算重要性权重的时候，状态转移矩阵 $\boldsymbol{P}$ 会被约掉。

2. TD 方法与 Q 学习

无模型（在当前状态 s 下，下一步状态转移概率 $P_{s_t \to s_{t+1}}$ 未知）的强化学习方法主要有 MC 方法与 TD 方法，MC 方法与 TD 方法最大的不同在于值函数的更新方式，MC 方法采用值函数的原始定义通过回报的累积和更新值函数：

$$V(s_t) \leftarrow V(s_t) + \alpha[G_t - V(s_t)] \tag{9.21}$$

其中，G_t 为状态 $V(s_t)$ 的折扣累积回报值，即

$$G_t = \sum_{k=0}^{\infty} \gamma^k R_{t+1} \tag{9.22}$$

而 TD 方法则结合了 MC 方法和动态规划方法，利用自举（bootstrapping）方法，通过后续状态的值函数预测当前状态的值函数，其更新公式为

$$V(s_t) \leftarrow V(s_t) + \alpha[R_{t+1} + \gamma V(s_{t+1}) - V(s_t)] \tag{9.23}$$

很明显可以看出不同之处为 G_t 和 $R_{t+1} + \gamma V(s_{t+1})$，从期望和方差的方面看，MC 方法采用一次实验获得的返回值作为目标，属于无偏估计，但是每次实验的路径是随机的，因此方差无穷大；TD 方法的目标为 $R_{t+1} + \gamma V(s_{t+1})$，因为在实验中 $V(s_{t+1})$ 采用的是上次实验的估计值，所以属于有偏估计，但是因为只采用了下一步的数据，所以方差比 MC 方法小。

经典的 TD 方法包括同策略的 SARSA（state-action-reward-state-action）方法和异策略的 Q 学习方法。同策略的 SARSA 方法的行动策略和评估策略都为 ε-greedy，而异策略的

Q 学习方法则采取 ε-greedy 作为行动策略，目标策略使用贪婪策略。接下来将以 Q 学习为例进行讨论（表 9.3）。

表 9.3　Q 学习算法

算法：Q 学习算法	行号
初始化 $Q(s,a)$ ，$\forall s \in S, a \in A$ ，给定参数 α、γ	1
Repeat	
给定初始状态 s，根据 ε-greedy 策略，在当前状态 s 选择动作 a	2
Repeat	3
(a) 根据 ε-greedy 策略在当前状态 s_t 下选择要执行的动作 a_t	4
(b) 执行动作 a_t，得到回报 r_t 和下一状态 s_{t+1}	5
(c) 更新状态-行为值函数	6
$Q(s_t,a_t) \leftarrow Q(s_t,a_t) + \alpha[r_t + \gamma \max_{a_t} Q(s_{t+1},a_t) - Q(s_t,a_t)]$	7
(d) $s=s'$，$a=a'$	8
Until s 是最终状态	9
Until 所有的 $Q(s,a)$ 收敛	10
输出最终策略：$\pi(s) = \arg\max_{a_t} Q(s,a)$	11

下面将利用算法对 Q 学习进行解释。

第 1 行：Q 函数是 Q 学习用以存储最优行为值的函数，在离散状态和行为的情况下，状态-行为值函数 Q 为一个 $s \times a$ 的矩阵，每行为一个状态，每列为当前状态下选择该行为的回报期望值；学习率 α 一般设得比较小，如 0.2；γ 为折扣因子，用以调整长期回报，可以设为 0.2。

第 4 行：ε-greedy 是以概率 ε 随机选取下一步动作，以 $1-\varepsilon$ 的概率根据下一步最大 Q 值选取动作 $[\max_{a_t} Q(s_{t+1},a_t)]$。

第 5 行：从起点开始进行一次实验。

第 7 行：状态-行为值函数更新方法，也是 Q 学习方法的核心，其更新公式为

$$Q(s_t,a_t) \leftarrow Q(s_t,a_t) + \alpha\left[r_t + \gamma \max_{a_t} Q(s_{t+1},a_t) - Q(s_t,a_t)\right] \tag{9.24}$$

其中，Q 学习的目标为

$$r_t + \gamma \max_{a_t} Q(s_{t+1},a_t) \tag{9.25}$$

由立即回报和折扣长期回报组成，更新过程为当前的 Q 值加上一定学习率下的目标与当前 Q 值的差。

第 8 行：个体更新自身的状态 s 和动作 a。

第 9 行：当智能体到达终态后，一次实验结束。

第 10 行：当所有的 $Q(s,a)$ 收敛后，学习结束。

第 11 行：当前状态 s 下的最优策略为 Q 值最大的策略（s 行值最大的列所对应的动作）。

9.3.5 模型输出

迷宫的矩阵表示为 M，定义 $M \in N^{10 \times 10}$，实验的参数列于表 9.4。Q 学习算法在每一次采样开始之前，随机选择起点的位置，但是保持终点（学习的目标）不变。每一个可以进入的格子 $M(i,j)$ 就是一个可达的状态。在 Q 学习中，参数 ε 的值能够很好地进行探索——利用的平衡如下。

（1）注重探索：算法随机地从四个格子中选择一个进行移动，这样做的目的是确保算法能够探索其他更优的路径。

（2）注重利用：算法利用已经得到的结果采取最优的行为。

表 9.4 实验的参数

参数	含义	值
seed	随机数种子，如果指定固定值，将可以复现相同的结果	随机整数
γ	折扣因子	0.9
α	更新 Q 的学习率	0.1
ε	ε-greedy 策略中，采用探索策略的概率	0.8
λ	折扣因子的衰减率	0.98
maxIt	最大的采样长度	设置为地图的格数
maxEp	最大的采样次数	1000
destination	终点	(2,7)

完成了最多 maxEp 的采样之后，得到了如图 9.5 所示的平均的回报（绝对值即路径长度）。从图中可以看到累积回报值在 400 次左右迭代后已经开始收敛，意味着所学习的策略已经开始稳定。

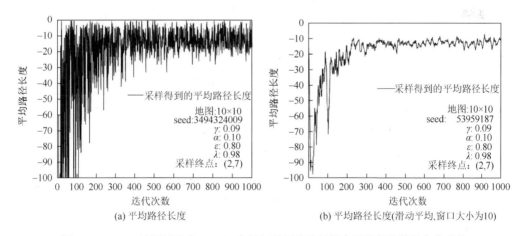

(a) 平均路径长度　　　　(b) 平均路径长度(滑动平均,窗口大小为10)

图 9.5　10×10 地图以终点（2,7）为目标的平均路径长度随迭代次数的变化曲线

图 9.6 为初始 Q 值矩阵。根据公式（9.24）对 Q 值矩阵进行迭代计算，迭代 1 次及 301 次后的 Q 值矩阵分别如图 9.7、图 9.8 所示。

1 −1 −1 −1 −1 −1 −1 −1 −1 −1 −1
2 −1 −1 −1 −1 −1 −1 0 −1 −1 −1
3 −1 −1 −1 −1 −1 −1 −1 −1 −1 −1
4 −1 −1 −1 −1 −1 −1 −1 −1 −1 −1
5 −1 −1 −1 −1 −1 −1 −1 −1 −1 −1
6 −1 −1 −1 −1 −1 −1 −1 −1 −1 −1
7 −1 −1 −1 −1 −1 −1 −1 −1 −1 −1
8 −1 −1 −1 −1 −1 −1 −1 −1 −1 −1
9 −1 −1 −1 −1 −1 −1 −1 −1 −1 −1
10 −1 −1 −1 −1 −1 −1 −1 −1 −1 −1
1 2 3 4 5 6 7 8 9 10
0.0 −0.2 −0.4 −0.6 −0.8 −1.0

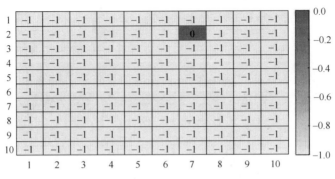

图 9.6　初始 Q 值矩阵（立即回报值 r 同上）

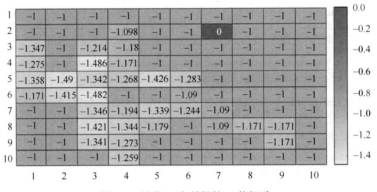

1 −1 −1 −1 −1 −1 −1 −1 −1 −1 −1
2 −1 −1 −1 −1.098 −1 −1 0 −1 −1 −1
3 −1.347 −1 −1.214 −1.18 −1 −1 −1 −1 −1 −1
4 −1.275 −1 −1.486 −1.171 −1 −1 −1 −1 −1 −1
5 −1.358 −1.49 −1.342 −1.268 −1.426 −1.283 −1 −1 −1 −1
6 −1.171 −1.415 −1.482 −1 −1 −1.09 −1 −1 −1 −1
7 −1 −1 −1.346 −1.194 −1.339 −1.244 −1.09 −1 −1 −1
8 −1 −1 −1.421 −1.344 −1.179 −1 −1.09 −1.171 −1.171 −1
9 −1 −1 −1.341 −1.273 −1 −1 −1 −1 −1.171 −1
10 −1 −1 −1 −1.259 −1 −1 −1 −1 −1 −1
1 2 3 4 5 6 7 8 9 10
0.0 −0.2 −0.4 −0.6 −0.8 −1.0 −1.2 −1.4

图 9.7　迭代 1 次所得的 Q 值矩阵

1 −7.908 −7.913 −7.939 −1 −1 −1 −1 −1 −3.613 −3.599
2 −1 −1 −7.923 −7.896 −7.907 −1 0 −1 −3.014 −3.576
3 −7.963 −1 −7.914 −7.922 −7.937 −1 −1.129e−07 −1 −1.9 −1
4 −7.944 −1 −7.918 −7.901 −1 −7.702 −1 −1 −2.71 −4.27
5 −7.93 −7.927 −7.915 −7.897 −7.826 −7.666 −1 −1 −3.439 −4.469
6 −7.94 −7.92 −7.901 −1 −1 −7.35 −1 −1 −4.096 −4.92
7 −1 −1 −7.851 −7.637 −7.314 −6.947 −6.568 −1 −4.687 −5.178
8 −8.008 −1 −7.912 −7.851 −7.653 −1 −6.156 −5.709 −5.222 −1
9 −8.012 −1 −7.944 −7.946 −1 −8.003 −1 −1 −5.935 −6.172
10 −8.008 −7.991 −7.972 −7.969 −7.971 −7.968 −1 −1 −6.133 −6.183
1 2 3 4 5 6 7 8 9 10
0 −1 −2 −3 −4 −5 −6 −7 −8

图 9.8　迭代 301 次所得的 Q 值矩阵

由图 9.6～图 9.8 可知：在迭代过程中，可行路径中的网格的 Q 值会逐渐增大；而不可行的点如（1,10），Q 值会随迭代不断减小。最终 Q 值矩阵收敛结果（迭代次数为 1000）如图 9.9 所示。

给定网格 $M(i,j)$ 的 Q 值：$Q(i,j)$ 表示的就是采取最优行为 a^*所产生的价值。通过 Q 值大的格子走向终点，获得的累积回报值将会最大。因此可以得知，在任意状态下，只需在 4 个可行方向中选择 Q 值最大的方向前进，便可以以最短路径到达终点。将最优的策略可视化，得到了如图 9.10 所示的策略图。

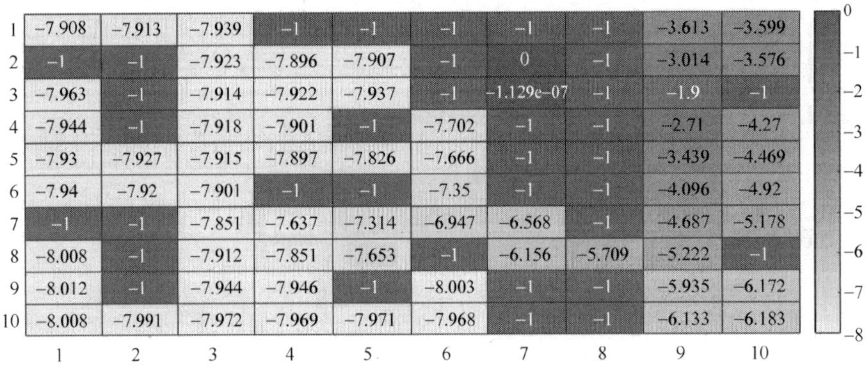

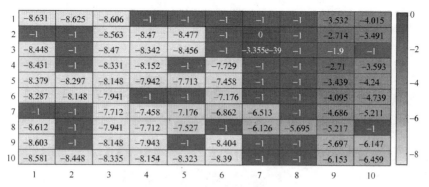

图 9.9 收敛后的 Q 值矩阵

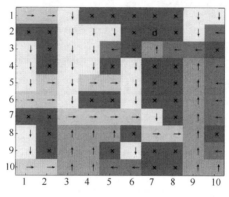

图 9.10 策略图

箭头表示每个网格对应的最优方向；d 表示终点；×表示当前网格不可访问

图 9.10 中箭头所指的方向就是 Q 值增加的方向。给定任何的非障碍起点 (i,j)，可以得到最短路径（取决于迭代的次数）。下面分别以（2,3）和（9,3）为起点，以（2,7）为终点进行计算，其可视化的结果如图 9.11、图 9.12 所示。以图 9.11 为例，黑色的网格代表不能进入的障碍点，浅灰色的网格代表可行路径中的结点。

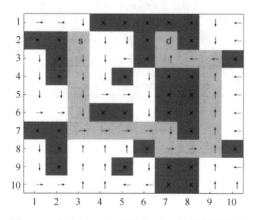

图 9.11 起点（2,3）到终点（2,7）的最短路径

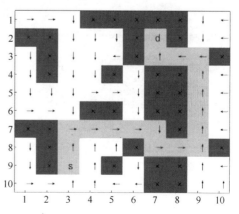

图 9.12 起点（9,3）到终点（2,7）的最短路径

算法可以应用在不同规模、不同起始点、不同终点的迷宫环境中。以 20×10 的地图为例，最终得到的 Q 值矩阵如图 9.13 所示。

	1	2	3	4	5	6	7	8	9	10
1	−7.943	−7.967	−7.951	−1	−1	−1	−1	−1	6.798	6.841
2	−1	−1	−7.945	−7.968	−7.965	−1	−6.884	−1	6.785	6.796
3	−8.018	−1	−7.901	−7.937	−7.982	−1	−6.849	6.745	6.519	−1
4	−8.002	−1	−7.878	−7.738	−1	−7.2	−1	−1	6.132	6.056
5	−7.985	−7.92	−7.744	−7.468	−7.179	−6.862	−1	−1	5.697	6.032
6	−7.962	−7.938	−7.887	−1	−1	−6.513	−1	−1	5.217	5.695
7	−1	−1	−7.721	−1	−6.513	−6.126	−5.695	−1	4.686	5.313
8	−8.367	−1	−7.467	−7.176	−6.862	−1	−5.217	4.686	4.095	−1
9	−8.334	−1	−7.745	−7.458	−1	−7.939	−1	−1	3.439	4.105
10	−8.286	−8.144	−7.941	−7.712	−7.916	−7.972	−1	−1	2.71	3.6
11	−8.183	−8.205	−8.147	−1	−1	−1	−1	−1	−1.9	3.014
12	−1	−1	−8.332	−1	−8.707	−1	1.308	−1	−1	2.266
13	−8.857	−1	−8.499	−8.648	−8.692	−1	0.1853	0	−6.522e-38	−1
14	−8.875	−1	−8.649	−8.763	−1	−8.648	−1	−1	−1	−1.9
15	−8.878	−8.87	−8.785	−8.827	−8.852	−8.667	−1	−1	−1	2.711
16	−8.864	−8.87	−8.906	−1	−1	−8.872	−1	4.214	4.135	3.444
17	−1	−1	−9.012	−9.075	−9.09	−1	−5.357	−1	4.702	4.109
18	−9.077	−1	−9.071	−9.077	−9.08	−1	−5.389	−5.304	−5.192	−1
19	−9.09	−1	−9.079	−9.088	−1	−9.11	−1	−1	5.373	5.422
20	−9.092	−9.084	−9.085	−9.105	−9.108	−9.113	−1	−1	5.433	5.368

图 9.13 迭代 1000 次所收敛的 Q 值矩阵

图 9.14 展示了迷宫环境中各个网格所对应的以终点（13,8）为目标的最优的行为。以起点（20,6）为例，绘制了最优路径，如图 9.15 所示。

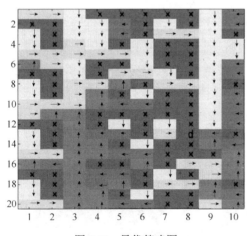 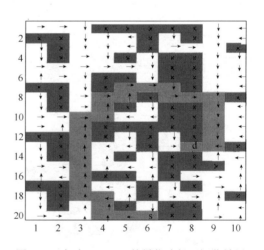

图 9.14　最优策略图　　　　图 9.15　起点（20,6）的最优路径可视化结果

9.4　总　　结

由于个体不需要知道环境中的状态信息，个体可以动态地适应环境的变化。相对于使

用结合马尔可夫链蒙特卡洛的方法，Q 学习在连续行为控制（即 $T \to \infty$）下，不需要等到迭代结束即可差分地更新 Q 值。

因为 TD（λ）是基于函数估计的免模型方法，所以可能存在较大的偏差。同时，Q 学习使用的是异策略，优化的策略不是做出行动决策的"行为策略"。由于理论基础是环境 ε 满足马尔可夫性，故在部分可观察马尔可夫环境等非马尔可夫性的环境下，算法不再适用。解决思路通常是使用最近 n 个连续的状态 x_t：

$$x_t = \{s_{t-n}, s_{t-(n-1)}, \cdots, s_t\} \tag{9.27}$$

Q 学习算法需要保存 Q 矩阵，在状态空间 S 相当大的时候就会造成严重的性能问题，一种普遍的解决思路是直接优化策略而非通过最优的值函数来获得最优的策略。同时，Q 学习算法需要指定一个最大的迭代（采样）次数，如果迭代次数不充分，那么很难得到最短路径。

Q 学习是基于表的强化学习方法的代表，也是强化学习的基础。基于 Q 学习的算法包括 Mnih 等（2015）提出的深度 Q 网络。在实际的问题中，Q 学习能够在诸如策略搜索、控制领域起到相当大的作用，具有很高的研究价值。

10　基于图论的交巡警服务平台设置与调度

　　针对交巡警服务平台的管辖范围分配，本章建立管辖范围划分模型，基于最短路径进行范围划分。其中，在 3 min 内能达到的结点有 86 个。针对服务平台的增加问题，本章以出警时间最短、工作量均衡分配为目标建立平台,设置优化模型，利用 MATLAB 求解，当增加 5 个服务平台时，能使目标函数值达到最优，最长出警时间缩短至 2.71 min。为了快速搜捕嫌疑犯，给出调度全市交巡警服务平台警力资源的最佳围堵方案，本文以完成围堵所需时间最短为目标建立围堵模型，运用割点的相关理论，最终求得完成合围所花时间为 9.65 min。

10.1　引　　言

　　图论是离散数学的一个重要分支，以图为研究对象。图论建模是指对一些客观事物进行抽象、化简，并用图来描述事物特征及内在联系的过程。

　　为了使警察更有效地贯彻实施职能，需在市区的重要部位设置交巡警服务平台。各交巡警服务平台的职能和警力配备基本相同。由于警务资源是有限的，如何根据城市的实际情况与需求合理地设置交巡警服务平台、分配管辖范围及如何调度警务资源，是交巡警部门面临的一个实际课题。本文利用无向图、Dijkstra 算法、割点等理论，以提高服务平台的工作效率为目标进行服务平台的设置与调度。

10.2　问 题 分 析

10.2.1　案例背景

　　数据来源于 2011 年全国大学生数学建模竞赛 B 题 "交巡警服务平台的设置与调度"。本文主要针对以下问题建立数学模型，进行分析研究。

　　（1）为各交巡警服务平台分配管辖范围，使其在所管辖的范围内出现突发事件时，尽量能在 3 min 内有交巡警（警车的速度为 60 km/h）到达事发地。

　　（2）根据现有交巡警服务平台的工作量不均衡和有些地方出警时间过长的实际情况，确定需要增加平台的具体个数和位置。

　　（3）该市地点 P（第 32 个结点）处发生了重大刑事案件，在案发 3 min 后接到报警，犯罪嫌疑人已驾车逃跑。为了快速搜捕嫌疑犯，给出调度全市交巡警服务平台警力资源的最佳围堵方案。

10.2.2 模型假设

为方便解决问题，本文提出以下假设：

（1）假设警车速度不受路况或其他因素影响，恒为 60 km/h；

（2）假设所有的交巡警服务平台均建在路口上；

（3）假设不考虑交巡警在处理警务时遇到的突发状况；

（4）假设相邻两结点间的路程为两点坐标的距离；

（5）假设道路没有方向性；

（6）假设交巡警服务平台接到报警后立即赶往出事路口结点，即不考虑反应时间。

10.3 方法的理论阐述

10.3.1 无向图

边没有方向的图称为无向图。无向图 $G = (V, E)$ 中，V 是非空集合，称为顶点集；E 是 V 中元素构成的无序二元组的集合，称为边集。

10.3.2 割点

在无向连通图 $G = (V, E)$ 中，若对于 $x \in V$，从图中删去结点 x 及所有与 x 关联的边之后，G 分裂成两个或两个以上不相连的子图，则称 x 为 G 的割点。所有满足这个条件的点所构成的集合即割点集合。

设 G 是一个图，x 是 G 的一条边，如果 $G - x$ 的连通分支数大于 G 的连通分支数，则称 x 是 G 的一个桥或割边。

10.3.3 连通

若图 G 的两个顶点 u、v 之间存在道路，则称 u 和 v 连通。u、v 间的最短边的长称为 u、v 间的距离，记作 $d(u, v)$。若图 G 的任意两个顶点均连通，则称 G 是连通图。

10.4 模型的建立与求解

10.4.1 交巡警服务平台管辖范围分配

1. 问题的分析

为了给各交巡警服务平台分配管辖范围，使其在所管辖的范围内出现突发事件时，尽量能在 3 min 内有交巡警（警车的速度为 60 km/h）到达事发地，本文建立了管辖范围划分模型。模型以最快到达案发结点为基础，将各个结点分配到距离最近的服务平台，使问题转化为最短路问题。利用 Dijkstra 算法求出各结点之间的最短距离，从而得到划分方案。

2. 管辖范围划分模型

依据 2011 年全国大学生数学建模竞赛 B 题附件提供的某市中心城区 A 的交通网络和现有的 20 个交巡警服务平台的设置情况示意图及相关数据信息，利用平面上两点的距离公式

$$l_{\alpha\beta} = \sqrt{(x_\alpha - x_\beta)^2 + (y_\alpha - y_\beta)^2}$$

求出各结点之间的距离 $L(\alpha,\beta)$，其中：

$$L(\alpha,\beta) = \begin{cases} 0 & (结点\ \alpha=\beta) \\ l_{\alpha\beta} & (结点\ \alpha、\beta\ 相邻) \\ \infty & (结点\ \alpha、\beta\ 不相邻) \end{cases}$$

基于结点之间的距离绘制 A 城区道路信息图，如图 10.1 所示。

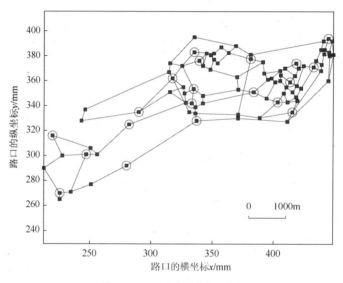

图 10.1　A 城区道路信息图

将 A 城区的交通网络和交巡警服务平台的设置情况示意图抽象成一个无向图 $G = (V, E)$。集合 $V = U \bigcup F = \{u_1, u_2, \cdots, u_{92}\} \bigcup \{f_1, f_2, \cdots, f_{20}\}$ 表示顶点集。其中，集合 $U = \{u_1, u_2, \cdots, u_{92}\}$ 为结点集，集合中的元素 $u_i(i=1,2,\cdots,92)$ 分别表示图中的交通结点。集合 $F = \{f_1, f_2, \cdots, f_{20}\}$ 为服务平台点集，集合中的元素 $f_j(j=1,2,\cdots,20)$ 分别对应 20 个交巡警服务平台。集合 $E = \{e_1, e_2, \cdots, e_{3840}\}$ 为交通路口的路线集，集合中的元素 $e_k(k=1,2,\cdots,3840)$ 表示 V 中两个元素 u_i 和 f_j 的无序对，记为 $e_k = (u_i, f_j)$，表示图中连接 u_i 和 f_j 的路线。

对每条边 e_k 赋权，权值为

$$W(e_k) = W(u_i, f_j) = w_{ij}$$

式中：w_{ij} 为结点 i 到服务平台 j 的路线长度。

设 P 为 G 中 u_i 至 f_j 的路径，$P = \{p_{11}, p_{12}, \cdots, p_{ij}\}$，路径 p_{ij} 的长度为

$$W(p_{ij}) = \sum_{e \in p_{ij}} W(e)$$

G 中 u_i 至 f_j 的最短距离为

$$W(p) = \min W(p_{ij})$$

其中，$p, p_{ij} \in P$。

3. 模型的求解

本文将问题转化为，对图 G 中的每一个结点 u_i 均需找到一个距离最短的服务平台 f_j。建立各结点之间的直接距离矩阵 $\boldsymbol{L}$，然后运用 Dijkstra 算法计算出各个结点与服务平台之间的最短距离矩阵 $\boldsymbol{W}_{20 \times 92}$。计算服务平台至各结点之间的最短距离的流程如下。

步骤 1：$k = 1$，取 $L_1(u_1) = 0$，$L_1(u_i) = +\infty (i = 1, 2, \cdots, 92)$，取 $L_1(u^*) = \min_{u_i \in U} L_1(u_i)$，$A = \{u_i\}$，$\overline{A} = U - A$，$d(u_1, u_1) = 0$。

步骤 2：对于 $u_i \in \overline{A}$，$k = k + 1$，令 $L_k(u_i) = \min \left[L_{k-1}(u_i), L_{k-1}(u^*) + \omega(u^*, u_i) \right]$，取 $L_k(u^*) = \min_{u_i \in A} L_2(u_i)$，$A = A \bigcup \{u^*\}$，$\overline{A} = \overline{A} - \{u^*\}$，$d(u_1, u^*) = L_k(v^*)$。

步骤 3：若 $d(u_1, u^*) = +\infty$，d 中 u_1 至 A 的路径不存在，算法终止。

步骤 4：若 $k = n$，则输出最短路径长度 $L_n(u_1, u^*)$，算法终止；否则转步骤 2。

依据最短距离寻找距离最近的服务平台，并划分管辖范围，结果如表 10.1 所示。

表 10.1　服务平台管辖结点划分表

服务平台	管辖结点序号	服务平台	管辖结点序号
1	1、67、68、69、71、73、74、75、76、78	11	11、26、27
2	2、39、40、43、44、70、72	12	12、25
3	3、54、55、65、66	13	13、21、22、23、24
4	4、57、60、62、63、64	14	14
5	5、49、50、51、52、53、56、58、59	15	15、28、29
6	6	16	16、36、37、38
7	7、30、32、47、48、61	17	17、41、42
8	8、33、46	18	18、80、81、82、83
9	9、31、34、35、45	19	19、77、79
10	10	20	20、84、85、86、87、88、89、90、91、92

由表 10.1 划分管辖范围的方法可知，在 3 min 内能达到的结点有 86 个，到达率为 93.48%。其中，28、29、38、39、61、92 号结点不满足 3 min 内到达的要求，具体情况如表 10.2 所示。

表 10.2　3 min 内无法到达的结点

结点	最近服务平台编号	最快到达时间/min
28	15	4.75
29	15	5.70
38	16	3.40
39	2	3.68
61	7	4.19
92	20	3.60

10.4.2　交巡警服务平台的增加

1. 问题的分析

基于 10.4.1 节的结果可知，A 城区的交巡警服务平台存在工作量不均衡和有些地方出警时间过长的情况，因此需要增加服务平台。本文以出警时间最短、各平台工作量均衡为目标建立了平台设置多目标优化模型，分别对增加 2～5 个平台进行求解。

2. 平台设置优化模型

1) 约束条件

为了提高服务平台的工作效率，每个路口仅由一个服务平台进行管辖，有

$$Q_{ij} = \begin{cases} 1 & (第 j 个服务平台负责第 i 个结点) \\ 0 & (其他) \end{cases}$$

则每个路口仅由一个服务平台进行管辖的约束为

$$\sum_{j=1}^{20+a} Q_{ij} = 1$$

式中：$a(a = 2,3,4,5)$ 为新增服务平台的个数。

每个服务平台都有管辖的结点有

$$\sum_{i=1}^{92} Q_{ij} \geqslant 1$$

2) 目标函数

A 城区内出警时间最短可表示为

$$\min z_3 = \sum_{i=1}^{92} \frac{\min W(p_{ij})}{v}$$

式中：v 为警车平均速度。

为了在分配管辖范围时实现工作量的平均分配,本文用各服务平台所负责区域的案发总次数的方差大小来进行度量。方差越大,则说明工作量分配越不均衡,故

$$\min z_4 = \sum_{j=1}^{20+a} \left(\sum_{i=1}^{92} C_i Q_{ij} - \mu \right)$$

式中:C_i 为第 i 个结点日案发次数;μ 为A城区所有结点的平均日案发次数。

综上,平台设置优化模型为

$$\min Z = \min z_3 + \min z_4 = \sum_{i=1}^{92} \frac{\min W(p_{ij})}{v} + \sum_{j=1}^{20+a} \left(\sum_{i=1}^{92} C_i Q_{ij} - \mu \right)$$

$$\text{s.t.} \begin{cases} \sum_{j=1}^{20+a} Q_{ij} = 1 & (a = 2,3,4,5) \\ \sum_{i=1}^{92} Q_{ij} \geqslant 1 \end{cases}$$

3. 模型的求解

利用 MATLAB 对模型进行求解,得到的结果如表 10.3 所示。

表 10.3 新增服务平台个数及位置

新增服务平台个数	位置(结点序号)	目标函数值
2	9、8	17.04
3	9、8、46	16.76
4	9、8、46、35	16.66
5	9、8、46、35、34	16.50

由表 10.3 可知,当增加 5 个服务平台时,能使目标函数值达到最优,为 16.50,即工作量尽可能分配均匀,出警时间尽可能短。最长出警时间缩短至 2.71 min,在 3 min 之内,满足在 3 min 内有交巡警到达事发地的要求。

10.4.3 最佳围堵方案

1. 问题的分析

为了快速搜捕嫌疑犯,请给出调度全市交巡警服务平台警力资源的最佳围堵方案。本文在此引入割点,即在一幅图中除去割点位置后得到的图为不连通图。在割点的基础上定义了局部割点,除去该点后,此图在该局部范围内不再连通。根据图像的特点,在这些割点附近,假设控制其中两个(或者更多,只要能控制)点就可以阻断这整条线路,将此种情况近似考虑成伪割点。

基于割点的定义及其特性可知，要达到围捕嫌疑犯的目的必须先控制其逃跑的范围，即封锁嫌疑犯逃出某些范围的必须经过的点，然后内部巡警进行搜索抓住嫌疑犯。要控制的点即图中的割点。

2. 围堵模型

1）约束条件

$$T \leqslant p(R_{t+3})$$

$$f_j(j=1,2,\cdots,80)\begin{cases}\geqslant 1 & (\text{可分配出}f_j\text{中的警力})\\=0 & (f_j\text{中的警力已全部分配})\end{cases}$$

式中：T 为整个市区；t 为完成围堵所需的时间；R_{t+3} 为嫌疑犯在 $(t+3)\min$ 内行驶的最大区域；$p(R_{t+3})$ 为嫌疑犯在 $(t+3)\min$ 内行驶的最大区域的边界点集。

2）目标函数

以完成围堵所花时间最短为目标：

$$\min t$$

综上，围堵模型为

$$\min t$$

$$\text{s.t.}\begin{cases}T \leqslant p(R_{t+3})\\f_j(j=1,2,\cdots,80)\begin{cases}\geqslant 1 & (\text{可分配出}f_j\text{中的警力})\\=0 & (f_j\text{中的警力已全部分配})\end{cases}\end{cases}$$

3. 模型的求解

本文将围堵问题转化为在以 P 点为中心的区域内控制所有的割点，从而实现围堵。由于数据量过大，故仅考虑 P 点时间为 3~20 min 区域内的割点，如图 10.2 所示。

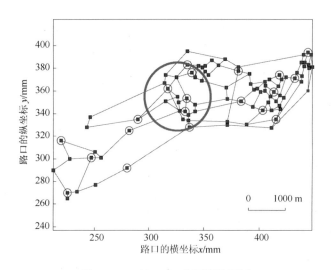

图 10.2　P 点 3 min 内可到达区域

表 10.4 列出了部分割点到达 P 点所需的时间。

表 10.4 部分割点及到达 P 点时间

割点	P 点到割点时间 t_P /min	割点	P 点到割点时间 t_P /min
28	8.89	215	11.25
29	9.16	241	8.03
38	6.49	248	20.52
40	7.96	370	16.34
41	10.50	371	15.89
214	13.46	561	8.80

表 10.5 列出了距离割点最近的服务平台及服务平台到达割点所需的时间。

表 10.5 割点最近服务平台及到达时间

割点	最近服务平台	服务平台到割点时间 t_C /min
28	15	4.75
29	15	5.70
38	16	3.41
40	2	1.91
41	17	0.85
214	7	12.32
215	7	10.11
241	7	6.89
248	15	18.18
370	15	12.20
371	15	11.75
561	16	5.71

将 P 点到达各个割点的时间 t_P 及最近服务平台到达割点的时间 t_C 进行比较，若 $t_P - t_C > 3$，则说明控制割点成功。经计算，214、215、241、248 不符合要求（表 10.6）。

表 10.6 控制成功割点及时间差

割点	最近服务平台	$t_P - t_C$ /min
28	15	4.13
29	15	3.45
38	16	3.09
40	2	6.05
41	17	9.65
370	15	4.13
371	15	4.13
561	16	3.09

最后得出围堵方案如表 10.7 所示，完成合围所花费的时间为 9.65 min。

表 10.7　围堵方案

服务平台	围堵结点
2	40
15	28、29、370、371
16	38、561
17	41

10.5　总　　结

在求解各结点之间的最短距离时，本文选择了 Dijkstra 算法，只是计算服务平台与各结点之间的最短距离，相对于 Floyd 算法求解任意两结点之间的距离，计算复杂度要小，同时也没有必要计算任意两结点之间的最短距离。为了实现迅速包围，本文采用割点，将范围细分化，具有一定的借鉴意义。但是本文建立的模型具有一定的局限性，实际生活中的事件充满不可控因素。

本文建立的交巡警服务平台分配模型及平台设置优化模型在实际生活中有很多应用，如共享单车停放点、公交车站等场所的布局均可以运用该模型。围堵模型可用于处理突发案件。

11 基于灾情巡视路线问题的网络优化的应用

本文针对数学建模中的图论问题，介绍了图论的基本知识；针对复杂的图论网络，主要介绍了两种方法，即求最小生成树的 Prim 算法和求最短路径的 Dijkstra 算法。并且通过两个简单的实例讲解了对这两个方法的应用。

11.1 方法使用背景

图论是组合数学的一个分支，与其他的数学分支，如群论、矩阵论、概率论、拓扑学、数值分析等有着密切的联系。图论中以图为研究对象，图形中用点表示对象，两点之间的连线表示对象之间的某种特定的关系。事实上，任何一个包含了某种二元关系的系统都可以用图形来模拟，而且它具有形象、直观的特点。因为大家感兴趣的是两对象之间是否存在某种关联，所以图形中两点间是否连接尤为重要，而图形的位置、大小、形状与连接线的曲直长短无关紧要。

图论在自然科学、社会科学等各个领域都有广泛的应用，随着科学的发展，以及军事、生产管理、交通运输等方面提出了大量实际的需要，图论的理论及其应用研究得到飞速发展。从 20 世纪 50 年代以后，计算机的迅速发展，有力推动了图论的发展，加速了图论向各个学科的渗透，尤其是网络理论的建立，使图论与线性规划、动态规划等优化理论和方法相互渗透。

11.2 图的基本要素介绍

图论通常由结点（圈）和边组成。命名圈为结点，连接它们的线为边。使用字母表达法，通常用 V（vertex）表示结点，用 E（edge）表示边（图 11.1）。

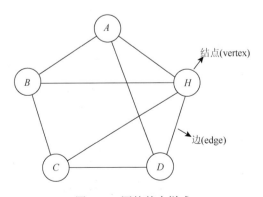

图 11.1 图的基本样式

一个二元有序组 $<V, E>$ 称为一个图，记为 $G = <V, E>$，其中 V 是结点集，E 是边集，E 中每个元素 e 是连接结点集 V 中两点的边。

图 $G = <V, E>$ 中：

（1）点集 $V = \{v_1, v_2, \cdots, v_n\}$；

（2）边集 $E = \{e_1, e_2, \cdots, e_m\}$，其中 $e_k = (v_i, v_j)$。

一般在解决实际问题过程中，结点往往表示事物，边用来表示事物之间的联系。结点和边构成的图就表示为所研究的客观世界。

图有一个最基本的分类，即有向图和无向图，如图 11.2 所示。

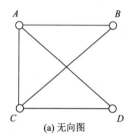 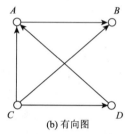

图 11.2　有向图、无向图

如果所有的边都有方向，称为有向图；如果所有的边都无方向，则称为无向图；如果一个图中既有有向边，又有无向边，称为混合图。

邻接与关联：所有中间有边相连的点（无论边是有向边还是无向边）称为邻接点。例如，图 11.2 中的 A 与 B，它们中间有边连接它们，那这条边和这两个点就称为相关联的。

起点与终点：图 11.2 的有向图中，C 与 A 间有一条有向边从 C 指向 A，称 C 为起点，A 为终点。

下一个重要的事是结点自由度（nodes degree of freedom），即连接到结点的边的数量。在下面所编写的问题里，连接两地的道路的数量可以表达成结点的自由度。

如图 11.3 所示，A、B、C、D 点的自由度为 3，H 点的自由度为 4。

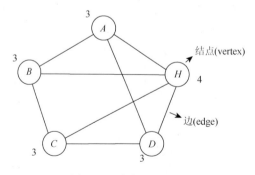

图 11.3　结点的自由度

每次只走过一条边（桥），并且走过每一条边严格取决于结点自由度。由这样的边组成的路径叫作 Euler 路径（Euler path），Euler 路径的长度就是边的数量。

入度和出度：入度和出度是针对有向图而言的。入度是顶点的入边条数，即有向图中，箭头指向这个点的边数。例如，有向图中 C 与 A、D 与 A 之间各有一条边指向 A，那么 A 的入度为 2。相对应地，出度是顶点的出边条数，以 A 为起点，仅有一条边（AB）从 A 出发连接其他点，则 A 的出度为 1。

11.3　图　的　表　示

11.3.1　邻接矩阵

$$A = (a_{ij})_{n \times n}, a_{ij} = \begin{cases} 1 & (i 与 j 点相邻) \\ 0 & (其他) \end{cases}$$

矩阵对于数学建模里的编程尤为重要，常常使用 MATLAB 编程的原因之一是 MATLAB 做矩阵运算特别简便。让计算机看懂所画的图，就需要借助矩阵工具。

图的矩阵表示主要分为邻接矩阵和关联矩阵两种。邻接在上文已提及，它是点和点的概念，关联是点和边之间的概念。

用 A 表示图 11.4，A 为一个 n 阶方阵，方阵的阶数由结点的个数决定。

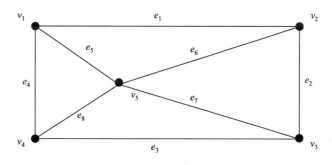

图 11.4　点与边的示意图

因为图 11.4 有 5 个结点，所以 A 为 5 行 5 列的矩阵，其中 1 表示相连，0 表示不相连。以矩阵第一行 0，1，0，1，1 为例，它表示第一个结点 v_i 和所有 5 个结点之间的关系。0 表示 v_1 和 v_1 之间没有连边，1 表示 v_1 和 v_2 之间有连边，0 表示 v_1 和 v_3 之间无连边，1 表示 v_1 和 v_4 之间有连边，1 表示 v_1 和 v_5 之间有连边。以此类推，可以理解整个 A 矩阵中每一个数字元素的含义。

想将图转化为矩阵，可以先构建一个 n 阶零矩阵，然后对图中每条边进行穷举。

以 a_{12} 和 a_{21} 为例，由于结点 v_1 到结点 v_2 有一条边，$a_{12} = 1$；同样，由于结点 v_2 到结点 v_1 有一条边，$a_{21} = 1$。因此，对于一个无向图来说，以主对角线为对称轴，A 矩阵一定是对称的。

穷举图中所有的边后，便可得到这个邻接矩阵。将矩阵输到代码中，可让计算机看到构建的图。

11.3.2　关联矩阵

关联矩阵是从点-边的角度来考虑的。以 R 矩阵表示图 11.4：

$$R = (r_{ij})_{n \times m} \, r_{ij} = \begin{cases} 1 & (i\text{点为}j\text{边端点}) \\ 0 & (\text{其他}) \end{cases}$$

R 的行数是结点的个数，列数是连边的个数。因为图中有 5 个结点 8 条连边，所以构成的矩阵 R 为 5 行 8 列矩阵。首先看矩阵第一列数字，它代表 e_1 这条边连接的结点。由于 e_1 这条边连接了结点 v_1 和结点 v_2，故 $r_{11} = 1, r_{21} = 1$，其余位置为 0。以此类推，第二列表示边 e_2 连接了第二个结点和第三个结点。

11.4　算 法 介 绍

11.4.1　最短路问题

最短路问题是网络理论解决的典型问题之一，可用来解决管路铺设、线路安装、厂区布局和设备更新等实际问题。基本内容是，若网络中的每条边都有一个数值（长度、成本、时间等），则找出两个结点间总权和最小的路径就是最短路问题。

最短路可以分为单源最短路径、全局最短路径和两点最短路径这三种类型。

（1）单源最短路径：给定图中一个顶点，计算从这个点到其他所有点的最短路径长度。求解单源最短路径问题可以采用 Dijkstra 算法，Dijkstra 算法只可求无负权的最短路径，如果图中有负权回路，可以采用 Bellman-Ford 算法。

（2）全局最短路径：从图中所有顶点出发，到达图中所有点的路径全部输出，而不是只输出一个结果。求图中所有的最短路径可以采用 Floyd-Warshall 算法，对于稀疏图，还可以采用 Johnson 算法，两者都可计算含负权路径的图，但不可含有负环。

（3）两点最短路径：已知起点和终点，求两结点之间的最短路径。通常可用广度优先搜索、深度优先搜索等方式来实现。

要求解出复杂的网络路线中两点之间的最短路线，最常用的方法就是 Dijkstra 算法和 Floyd 算法。其中，Dijkstra 算法只能求解出单个结点到其他结点的最短路，时间复杂度为 $o(n^2)$；Floyd 算法可求出网络中所有结点到其他结点的最短路，时间复杂度为 $o(n^3)$。可以看出虽然 Dijkstra 算法只能求单源最短路径，而 Floyd 算法可以求所有点之间的最短路径，但 Floyd 算法比 Dijkstra 算法多一个量级的时间复杂度，因此两个算法的效率是相同的。

这里主要介绍 Dijkstra 算法。

Dijkstra 算法需要构建三个辅助矩阵：visited[]，用来记录已经求得最短路的顶点，初始化为 O；dist[]，用来记录源点到各个顶点的最短路径长度，初始化为无穷矩阵；parent[]，用来记录每个结点的前驱结点。

算法步骤如下。

步骤 1：初始化，visited[]初始化为 **O** 矩阵；dist[]初始化为无穷矩阵，其中 dist[v_0] 为 0，v_0 为起始点。

步骤 2：找出 dist[]中最小值 i，将其加入 visited[]中，即 visited[v_i] = 1。

步骤 3：更新到下一个结点 u 的最短路径及距离，若从现有队列到达 u 的距离小于直接从源点 v_0 到达 u 的距离，即

$$\text{dist}[i] + A(i,u) < \text{dist}[u]$$

则更新距离矩阵 dist[u] = dist[i] + $A(i,u)$，前驱矩阵 parent[u] = i。

步骤 4：重复步骤 2、步骤 3 n–1 次直到所有的顶点都包含在 visited[]内。

注意：Dijkstra 算法不可用于边权值为负的情况。

11.4.2 最小生成树

如图 11.5（a）所示，如果有 A、B、C、D、E、F 6 个地点，6 个地点间的路径长度由数字表示。若用最短的路程将所有地点连通，就是最小生成树所示效果。这个问题可归纳为最小生成树问题。

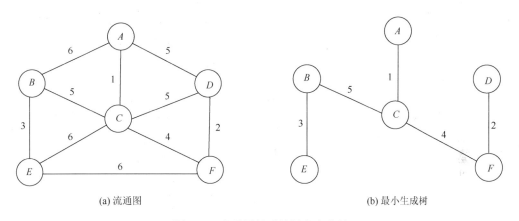

(a) 流通图　　　　　　　　　　　(b) 最小生成树

图 11.5　流通图得到的最小生成树

给定一个无方向的带权图 $G = (V, E)$，最小生成树为集合 T，T 是以最小代价连接 V 中所有顶点所用边 E 的最小集合。

最小生成树可以用 Kruskal 算法或 Prim 算法求出。

Prim 算法需要建立两个集合：P[]，用来记录已连通的顶点；V_P[]，用来记录未连通的顶点。然后依次从未连通的点集 V_P[]中找一条代价最小的点并入 P[]中，直到所有的点都并入 P[]中。

算法过程如下。

步骤 1：初始化，将第一个顶点添加到已连通点集 P[]中，剩余顶点加入点集 V_P[]中。

步骤 2：在集合 V_P[]中选择一个与已连通的点连接的边权值最小的点 pv，并将其加入已连接集合 P[]中，从 V_P[]中删掉 pv。

步骤 3：循环步骤 2，直到所有的点都加入集合 P[]中。

11.5　案 例 介 绍

1998 年全国大学生数学建模竞赛 B 题灾情巡视主要考察参赛者对网络优化中图论类问题的解决能力，本文基于该题的题目进行了简化修改。

图 11.6 为辽宁、吉林、黑龙江三省的 84 个主要城市的经纬度坐标及城市间道路交通网。为对这些城市进行实地考察、巡视，提出以下问题：

问题一，如果在这些城市中利用光纤进行通信连接，如何设置连接路线使光纤线路最短？

问题二，若一位领导想从图 11.6 中大连尽快到达同江，则应如何选择交通路线？

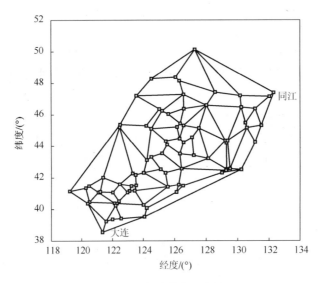

图 11.6　交通道路示意图

11.5.1　问题一求解

1. 问题分析

根据题意，在复杂的网络图中要求最短连接方式，只需要将各个城市看作网络中的结点，通过最小生成树算法即可求出它们之间的最短连接方式。

2. 问题求解

第一步，建立各城市之间连接的邻接矩阵 A；

第二步，根据邻接矩阵和各城市的经纬度坐标计算任意两城市间的距离，结果为 D_{ij}；

第三步，已知任意两城市间的距离，根据 Prim 算法（算法步骤及介绍见 11.4 节），求得最小生成树连接方案。

3. 运行结果

通过运行程序，得到如下结果图（图 11.7）。

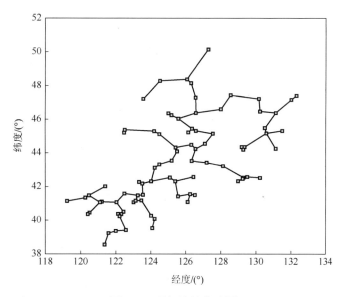

图 11.7　最短连接线路图

最短连接距离为 5336.17 km。

4. 结果分析

修改所求结果中任意两点之间的线路连接使其连通，所求结果均大于通过 Prim 算法求得的最短距离。由此可以看出，当已知各个离散结点的网络图时，通过 Prim 算法可以得到各个离散结点之间连接的最短路径，与题目中要求的最短光纤连接路线相符，且可视化效果较好，可以适用于光纤、电线等不需要考虑地形的线路连接问题。但却不是所有的离散结点都可求最小生成树，对于地面路线建设问题，如修路等，需要考虑地形的影响，不能较完美地使用此算法，必须进一步修正。

11.5.2　问题二求解

1. 问题分析

求解大连到同江的最短路径，以城市为网络结点，以城市之间的道路距离为权值得到网络连通图，通过 Dijkstra 算法即可求出最短距离和最短路线。

2. 问题求解

第一步，已知邻接矩阵 D；
第二步，根据 Dijkstra 算法求得大连至同江的最短路线。

3. 运行结果

通过程序得出，大连到同江的最短距离为 1426.79 km，其路线为大连→东港→丹东→集安→白山→桦甸→敦化→海林→牡丹江→鸡西→富锦→同江，路径示意图如图 11.8 所示。

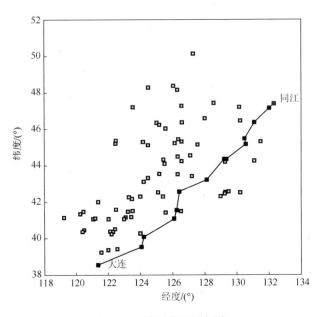

图 11.8   最短路径示意图

4. 结果分析

修改结果中的任意一段路径，对其进行灵敏度分析，如将"集安→白山→桦甸"路段替换为"集安→临江→桦甸"，路径增加。由此可以看出，Dijkstra 算法可以求出复杂网络路线中两个点之间的最短距离，可以在交通网络图中寻找任意两点之间的最短路线，并且对结果进行可视化，在交通网络求最优路线时具有很好的普适性，在很多问题中都可以得到广泛的应用。

第3部分 计算机仿真方法

  计算机仿真是在研究系统过程中，一种非实物仿真方法，根据相似原理，利用计算机来逼真模仿研究对象，对研究对象进行数学描述，建立模型，这个模型包含所研究的系统中的主要特点。通过这个实验模型的运行，获得所要研究系统的必要信息，从而了解系统随时间变化的行为或特性，以评价或预测一个系统的行为效果，为决策提供信息。它是解决较复杂的实际问题的一条有效途径，可用于解决鼠疫的检测和预报，三峡的安全、生态，公交车的调度，航空管理，经营投资，道路的修建，通信网络服务，电梯系统服务等问题。

  运用计算机仿真可解决以下五类问题：

  （1）难以用数学公式表示的系统，或者没有建立和求解数学模型的有效方法；

  （2）虽然可以用解析的方法解决问题，但数学的分析与计算过于复杂，这时计算机仿真可能提供简单可行的求解方法；

  （3）希望能在较短的时间内观察到系统发展的全过程，以估计某些参数对系统行为的影响；

  （4）难以在实际环境中进行实验和观察时，计算机仿真是唯一可行的方法，如太空飞行的研究；

  （5）需要对系统或过程进行长期运行比较，从大量方案中寻找最优方案。

  计算机仿真在计算机中运行实现，不怕破坏，易修改，可重用，安全，经济，不受外界条件和场地空间的限制。

  仿真分为静态仿真和动态仿真。动态仿真可分为连续系统仿真和离散系统仿真。离散系统是指状态变量只在某个离散时间点集合上发生变化的系统，如电梯系统服务、排队系统、通信网络服务的仿真等。连续系统是指状态变量随时间连续改变的系统，如传染病的检测和预报等。

  仿真系统必须设置一个仿真时钟将时间从一个时刻向另一个时刻推进，并且可随时反映系统时间的当前值。模拟时间推进的方式有两种：时间步长法和事件步长法。模拟离散系统常用事件步长法，模拟连续系统常用时间步长法（也称固定增量推进法或步进式推进法）。

  本部分将通过几个案例为读者展现不同的计算机仿真方法的应用。

12   计算机仿真方法在智能优化问题中的应用

本文旨在以飞机飞行问题为例,讨论计算机仿真方法在实际优化问题中的应用。本文针对飞机飞行管理问题,使用蒙特卡洛(Monte Carlo,MC)和计算机仿真的方法,运用MATLAB 软件,首先对数据进行处理,分别以各飞机调整角度和最小和最大调整角最小为目标,以飞机的安全飞行条件为约束,建立了单目标优化模型。然后,分别给出在两种目标下,各飞机不碰撞的调整角度的最佳组合。最后,总结讨论了计算机仿真方法适用于解决什么样的问题。

12.1   引　　言

计算机仿真技术广泛应用于国防、工业及其他人类生产生活的各个方面,它应用电子计算机对系统的结构、功能和行为进行比较逼真的模仿,是一种描述性技术,是一种定量分析方法。通过建立某一过程和某一系统的模式,来描述该过程或系统,然后用一系列有目的、有条件的计算机仿真实验来刻画系统的特征,从而得出数量指标,为决策者提供有关这一过程或系统的定量分析结果,作为决策的理论依据。

本文首先对比分析了计算机仿真方法在诸多飞机飞行问题中的应用,结合飞行管理问题分析了飞机飞行过程的空间与时间特征,总结归纳了飞机飞行过程中的共性规律和个性特点,对此飞行优化问题所用到的方法、基本思想、角度调整策略等关键问题进行了讨论,并在此基础上对计算机仿真方法解决的一类优化问题进行了归纳和展望。

12.2   文 献 综 述

赵文智(2006)在系统安全基本理论基础上,根据系统优化原理,研究了近年来的民航飞机事故,分析了类似事故再次发生的可能,提出了需要加强监控与管理,完善设计、运行和维护过程。任仲贤(2018)对大型民航飞机飞行管理系统进行仿真研究,基于蚁群算法实现了飞机水平航迹优化仿真,通过遗传算法实现了飞机垂直航迹优化仿真,建立了飞行管理系统仿真架构。

周琨(2012)认为航班运行调度工作一直存在安全与成本的矛盾,在确保运行安全的基础上,需要考虑航班运行成本因素,优化航班运行过程中的飞机日利用率与机组资源利用效率。唐见兵(2009)给出作战仿真系统 VV&A(verification,validation and accreditation)过程模型,重点对需求校核、军事概念模型验证、数学模型 V&V(verification and validation)及软件模型 V&V 四个主要 VV&A 过程展开研究,促进该仿真系统的顺利建设，在确保它的可信性方面发挥了积极作用，为该系统的未来建设打下了良好的基础。

杨健（2016）对基于方向调整和速度调整的冲突消解算法分别进行研究，建立了无人机集群系统空域冲突消解问题的基本模型，提出了无人机集群内集中式冲突消解方法。2018 年，杨健等（2018）基于几何导航方法分析了无人机安全间隔约束条件，针对异构无人机集式冲突消解问题，构建混合整数线性规划模型，目标是最小化无人机由期望飞行方向的偏移量，以减少无人机多余的机动消耗，仿真实验结果证明了提出的算法能够高效地消解复杂的冲突。

12.3　飞行管理问题

本问题选自 1995 年全国大学生数学建模竞赛 A 题。在高空某正方形区域内，有多架飞机做水平飞行。当一架欲进入该区域的飞机到达区域边缘时，要立即计算并判断其是否会与区域内的飞机发生碰撞。如果会碰撞，则计算如何调整各架飞机（包括新进入的）的飞行方向角，以避免碰撞。现假定条件如下：①不碰撞的标准为任意两架飞机的距离大于 8 km；②飞机飞行方向角调整的幅度不应超过 30°；③所有飞机飞行速度均为800 km/h；④进入该区域的飞机在到达区域边缘时，与区域内飞机的距离应在 60 km 以上；⑤最多需考虑 6 架飞机；⑥不必考虑飞机离开此区域后的状况。

对以下数据进行计算（方向角误差不超过 0.01°），要求飞机飞行方向角调整的幅度尽量小。设该区域 4 个顶点的坐标为（0，0）、（160，0）、（160，160）、（0，160）。方向角指飞行方向与 x 轴正向的夹角。记录数据见表 12.1。

表 12.1　飞机数据表一

飞机编号	横坐标 x	纵坐标 y	方向角/(°)
1	150	140	243.0
2	85	85	236.0
3	150	155	220.5
4	145	50	159.0
5	130	150	230.0
新进入	0	0	52.0

12.4　模型的建立与求解

在不改变飞机角度时，进行仿真模拟，结果如图 12.1 所示。

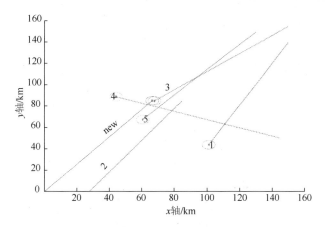

图 12.1 飞机飞行过程中最危险时刻示意图一

从仿真模拟中发现，如果不改变飞机方向角度，会发生碰撞，所以需要调整飞机角度。抽象成几何模型，即图 12.2，对该问题进行分析。

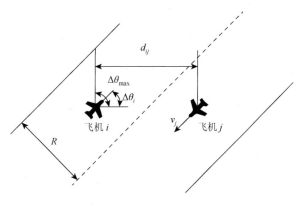

图 12.2 飞行示意图

其中，$\Delta\theta_{max}$ 表示飞机的最大调整角度，d_{ij} 表示两架飞机间的欧氏距离，$\Delta\theta_i$ 表示该飞机调整的角度，v_j 表示该飞机在此方向上的飞行速度。

在实际应用中，因为追求的目标不同，所以需要考虑如下两种目标计划：第一，所有飞机调整的总角度最小；第二，调整的所有飞机中，调整的最大角度最小。下面分别根据此优化目标进行讨论。

12.4.1 所有飞机调整角度总和最小

1. 研究思路

因为不改变飞机方向角时飞机会发生碰撞，所以需要对飞机飞行的方向角进行调整。以任意两架飞机之间的距离限制、飞机飞行速度限制及飞机调整角度的范围限制三个约束条件为基础进行仿真模拟，寻找所有飞机调整的总角度和最小的方案。

2. 研究方法

在 t 时刻，任意两架飞机之间的距离为

$$d_{ij} = \sqrt{\left[x_j(t) - x_i(t)\right]^2 + \left[y_j(t) - y_i(t)\right]^2}$$

式中：t 为时间；$x_i(t)$ 为在 t 时刻第 i 架飞机的横坐标；$y_i(t)$ 为在 t 时刻第 i 架飞机的纵坐标。

飞行方向与 x 轴正向的夹角，即飞机的方向角为

$$\theta_i = \theta_i(0) + \Delta\theta_i$$

飞机飞行坐标随时间变化的公式为

$$\begin{cases} x_i(t) = x_i(0) + vt\cos\theta_i \\ y_i(t) = y_i(0) + vt\sin\theta_i \end{cases}$$

优化目标函数为所有飞机的调整量绝对值之和最小，其中任意两架飞机之间的距离限制分两种情况：第一，当任意一架飞机到达边界时，与区域内飞机的距离应在 60 km 以上；第二，在区域内，不碰撞的标准为任意两架飞机的距离大于 8 km。建立如下调整角度总和最小优化模型。

目标函数：

$$\min \sum_{i=1}^{6} \left|\Delta\theta_i\right|$$

约束条件：

$$\text{s.t.} \begin{cases} \left|\Delta\theta_i\right| \leqslant \dfrac{\pi}{6} \\ d_{ij} \geqslant 8 \\ d_i^{'} \geqslant 60 \\ v_i \leqslant 800\text{km/h} \end{cases} \quad (i=1,2,\cdots,6; j=1,2,\cdots,6)$$

式中：d_{ij} 为新进入飞机到达边界时，新进入飞机与各飞机间的欧氏距离。

算法如下。

步骤 1：当新飞机进入区域时，要求该时刻新进入飞机与各飞机之间的距离都大于 60 km，若不满足条件，终止全部计算。若满足条件，进行下一步。

步骤 2：规定欲迭代次数 time，定义各个飞机的初始调整角度为初始随机矩阵，定义飞机飞行遍历裕度为 300 s。

步骤 3：代入初始随机矩阵，对该数值矩阵进行计算机仿真，以时间变量为基轴，寻找距离矩阵中的最小值，为初始最小距离，若最小距离小于飞机的距离约束，则直接进行下次迭代。

步骤 4：迭代 time 次后，输出所有符合条件的距离矩阵中的最小值，并输出各飞机的调整角度。

3. 结果分析

如图 12.3 所示，展示了飞机飞行过程中最危险时刻示意图，其为达到所求最优目标

即所有飞机调整的角度总和最小时，各飞机飞行状态。从图中可以看到，临界点为飞机 4 和新进入飞机 6 安全区域相切。

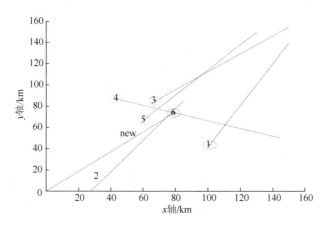

图 12.3　飞机飞行过程中最危险时刻示意图二

由表 12.2 可知调整后各飞机的初始角度和末尾角度，可以发现飞机 3、4 和新进入飞机 6 进行了微调。其中，飞行过程中飞机距离最近为 8.390 79 km，调整角度和为 4.266°。

表 12.2　飞行数据表二

飞机	1	2	3	4	5	新进入飞机 6
初始角度/(°)	243	236	220.5	159	230	52
末尾角度/(°)	243	236	223.978	158.589	230	53.199
调整角度/(°)	0	0	3.478	−0.411	0	1.199

12.4.2　最大调整角度最小

1. 研究思路

与 12.4.1 节相同，以满足三个约束条件为基础进行仿真模拟，将目标改为寻找所有调整中，使最大调整角度最小的方案。

2. 研究方法

优化目标函数变为所有调整中，使最大调整角度最小，约束条件与 12.4.1 节相同。建立如下最大调整角最小优化模型。

目标函数：

$$\min\left\{\max|\Delta\theta_i|\right\}$$

约束条件：同 12.4.1 节。

算法如下。

步骤 1：当新飞机进入区域时，要求该时刻新进入飞机与各飞机之间的距离都大于 60 km，若不满足条件，终止全部计算。若满足条件，进行下一步。

步骤 2：规定欲迭代次数 time，定义各个飞机的初始调整角度为初始随机矩阵，定义飞机飞行遍历裕度为 300 s。

步骤 3：代入初始随机矩阵，对该数值矩阵进行计算机仿真，以时间变量为基轴，寻找距离矩阵中的最小值，为初始最小距离，若最小距离小于飞机的距离约束，则直接进行下次迭代。

步骤 4：迭代 time 次后，搜索目标，即使调整角度中的最大值最小。输出所有距离矩阵中的最小值，并输出各飞机的调整角度。

3. 结果分析

如图 12.4 所示，展示了飞机飞行过程中最危险时刻示意图，其为达到所求最优目标即所有调整中，使最大调整角度最小时，各飞机飞行状态。从图中可以看到，临界点为飞机 3 和新进入飞机 6 安全区域相切。

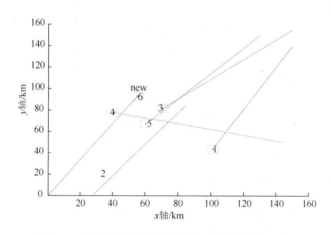

图 12.4　飞机飞行过程中最危险时刻示意图（三）

由表 12.3 可知调整后各飞机的初始角度和末尾角度，可发现飞机 3、4 和新进入飞机 6 进行了微调。其中，飞行过程中飞机距离最近为 8.258304 km，最大调整角度为 2.552°。

表 12.3　飞行数据表三

飞机	1	2	3	4	5	新进入飞机 6
初始角度/(°)	243	236	220.5	159	230	52
末尾角度/(°)	243	236	221.689	156.796	230	54.552
调整角度/(°)	0	0	1.189	−2.204	0	2.552

12.5　总　　结

　　总结以上问题，不难发现此问题在空间、时间上的存在性。理论上，凡是在现实中存在的事件，都可以使用计算机仿真进行模拟，其要点就在于能够寻得现实中事件与数据之间的联系，将事件用人为拟定的参量表示出来。例如，本文将飞机的飞行过程用各个数据点进行模拟，综合起来即可表示该飞机在空间中的飞行路径，寻找到的最优目标方案就转化为在飞机飞行过程中不相撞的临界点。除此之外，CT 成像问题、车灯线光源问题、海面浮漂问题等，均可以采用计算机仿真的方法，读者可以自行体会。

13　基于计算机仿真的系泊系统优化设计

系泊系统在海洋监测等领域应用广泛，其设计问题需要确定锚链的型号、长度和重物球质量，针对这一问题，首先采用集中质量的方法将水下系统的各个组成部分等效成结点，并对这些结点进行受力分析，建立了平衡方程，然后运用迭代法进行计算机仿真模拟，求得各结点的稳态位置，找出浮标最优的吃水深度，进而确定整个系泊系统的姿态。最后，对仿真结果进行了灵敏度分析，进一步验证了仿真结果的可靠性。

13.1　引　　言

作为近浅海观测网的重要组成部分，系泊系统凭借其投资少，见效快，易于回收等优点已广泛用于资源开发、气象监测、海洋水文等多个领域。国内外的专家和学者也已对此系统进行了研究，如何使系泊系统经过合理的设计后能够适应各种恶劣环境以完成检测？本文通过对系泊系统进行计算机仿真，给出了合理的优化设计方案。

13.2　数据来源与问题假设

数据来源于2016年全国大学生数学建模竞赛A题。为方便解决问题，提出以下假设。

（1）假设浮标的倾角为0°。

原因：浮标随海平面波动会存在倾角，为简化浮标受力分析，将其倾角视为0°。

（2）假设锚链的密度为7.8 g/cm³。

原因：为计算锚链所受的浮力，需要对其密度进行假设，经查阅资料取密度为7.8 g/cm³。

（3）假设风速和海水速度方向与系泊系统在同一平面内。

原因：为简化系泊系统每一结点的受力分析，故作此假设。

（4）假设$g=10$ m/s²。

原因：为简化计算，重力常数g一般取10 m/s²。

13.3　浮标与系泊系统的姿态确定

13.3.1　研究思路

当海面风速为12 m/s时，确定钢桶和各节钢管的倾斜角度、锚链形状、浮标的吃水深度和游动区域。选用Ⅱ型锚链对该系统传输结点进行分析，假设浮标吃水深度已知，将钢管、钢桶及每节链环等效为质点，通过对各个质点进行受力分析，得到系泊系统姿态的迭代方程，进而确定钢桶及各节钢管的倾斜角度和锚链的形状。为确定最优的吃水深度，采用计算机仿真的方法，在 0～2 m 以 0.0001 m 为步长改变吃水深度，得到不同吃水深度下系泊系统的水深，最终选择与实际水深 18 m 最接近的值作为最优吃水深度。

13.3.2　研究方法

1. 迭代法确定系泊系统姿态

第一步，浮标受力分析。

浮标在重力、浮力、风力及第一根钢管的拉力作用下平衡，其受力分析如图 13.1 所示。

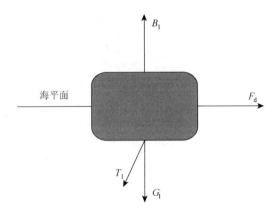

图 13.1　浮标的受力分析

其中，B_1 为浮标所受的浮力，F_d 为浮标所受到的风力，G_1 为浮标的重力，T_1 为第一根钢管对浮标的拉力。

由吃水深度可得浮标排开海水的体积，进而计算出浮标所受浮力：

$$\begin{cases} B_1 = \rho V g \\ V = h\pi r^2 \end{cases} \qquad (13.1)$$

式中：ρ 为海水密度；g 为重力常数；V 为浮标排开海水的体积；h 为浮标吃水深度；r 为浮标半径。

由近海风荷载可得浮标所受到的风力为

$$F_d = 0.625 \cdot S \cdot v^2 \qquad (13.2)$$

式中：S 为浮标在风向法平面上的投影面积；v 为风速。

浮标的重力为

$$G_1 = m_1 g \qquad (13.3)$$

式中：m_1 为浮标的重量；g 为重力常数。

综上，可得浮标所受拉力的大小及方向：

$$\begin{cases} T_1 = \sqrt{(B_1 - G_1)^2 + F_d^2} \\ \theta_1 = \arctan \dfrac{B_1 - G_1}{F_d} \end{cases} \tag{13.4}$$

式中：θ_1 为浮标与第一根钢管的水平方向夹角。

第二步，重物球所在结点受力分析。

该结点在重物球、钢桶和第一节锚链的拉力作用下平衡，其受力分析如图 13.2 所示。

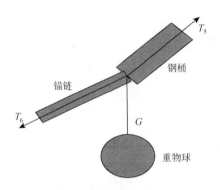

图 13.2　重物球结点受力分析

其中，T_5 为钢桶对该结点的拉力，T_6 为第一节锚链对该结点的拉力，G 为重物球对该结点的拉力，近似为重物球的重力。

第三步，采用迭代法对每个结点进行受力分析。

钢桶、钢管和锚链在自身重力、浮力与拉力作用下平衡，其受力分析如图 13.3 所示。

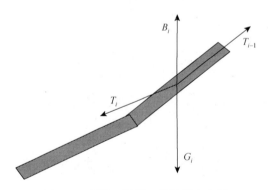

图 13.3　钢桶、钢管、锚链受力分析

其中，B_i 为第 i 个结点所受的浮力，G_i 为第 i 个结点自身的重力，T_{i-1} 为上一结点对该结点的拉力，T_i 为下一结点对该结点的拉力。

结点所受的浮力为

$$\begin{cases} B_i = \rho V_i g \\ V_i = \dfrac{m_i}{\rho_i} \end{cases} \tag{13.5}$$

式中：ρ 为海水密度；ρ_i 为第 i 个结点的密度；g 为重力常数；V_i 为第 i 个结点排开海水的体积；m_i 为第 i 个结点的质量。

结点所受的重力为

$$G_i = m_i g \tag{13.6}$$

综上，可得各结点所受拉力的大小及方向：

$$\begin{cases} T_i = \sqrt{(B_i - G_i + T_{i-1} \cdot \sin\theta_{i-1})^2 + (T_{i-1} \cdot \cos\theta_{i-1})^2} \\ \theta_i = \arctan\dfrac{B_i - G_i + T_{i-1} \cdot \sin\theta_{i-1}}{T_{i-1}\cos\theta_{i-1}} \end{cases} (i=1,2,\cdots,217) \tag{13.7}$$

2. 计算机仿真确定浮标吃水深度

由上述分析可得整个系泊系统在水下的高度为

$$\begin{cases} H_j = \sum_{i=1}^{217} L_i \sin\theta_{i-1} + h \\ p_j = |H_j - 18| \end{cases} \tag{13.8}$$

式中：H_j 为不同吃水深度时整个系统在水下的高度；θ_{i-1} 为各个结点与水平方向的夹角；L_i 为各结点的长度；h 为浮标的吃水深度；p_j 为水深与系统在水下的高度差值，当 p_j 最小时，对应的 h 为最优吃水深度。

3. 游动区域的确定

浮标游动的区域为圆形，整个系泊系统在水平方向的投影距离即该圆的半径：

$$R = \sum_{i=1}^{217} L_i \cos\theta_{i-1} \tag{13.9}$$

13.3.3　结果分析

采用计算机仿真的方法，浮标的吃水深度在 0～2 m 以 0.0001 m 为步长变化，通过 MATLAB 仿真，得到浮标和水下各个结点所受拉力的大小及方向，选取最小的 p_j，再由求出的最优吃水深度重新计算，得到海面风速为 12 m/s 时钢桶和各节钢管的倾斜角度、锚链形状、浮标的吃水深度和游动区域，见表 13.1。

表 13.1　海面风速为 12 m/s 时仿真结果

钢管 1 的倾角/(°)	1.1399	钢桶的倾角/(°)	1.1914
钢管 2 的倾角/(°)	1.4176	锚链末端与海床夹角/(°)	0
钢管 3 的倾角/(°)	1.1554	浮标的吃水深度/m	0.683
钢管 4 的倾角/(°)	1.1633	浮标游动的区域/m	14.605

由表 13.1 可知，钢桶的倾角为 $1.1914°$，小于 $5°$，锚链末端切线方向与海床之间无夹角，符合题目要求。

锚链的拟合方程为

$$y = (1.402 \times 10^{-0.5})x^4 + (9.91 \times 10^{-4})x^3 + (5.92 \times 10^{-2})x + 1.55$$

整个系泊系统的姿态如图 13.4 所示。

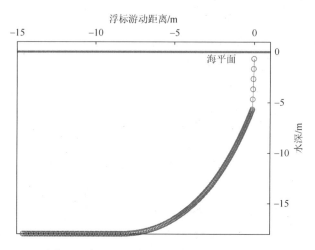

图 13.4　海面风速为 12 m/s 时系泊系统姿态

图 13.4 中，前 4 条线段表示 4 根钢管，第 5 条线段表示钢桶，其余表示锚链环，由图 13.4 可知，海面风速为 12 m/s 时，锚链末端切线方向与海床之间无夹角。

对仿真得到的浮标吃水深度、浮标浮力进行灵敏度分析，见表 13.2。

表 13.2　风速为 12 m/s 时的灵敏度分析

浮标吃水深度/m	0.6828	0.6829	0.6830	0.6831	0.6832
浮标浮力/N	21987	21900	21993	21997	22000
预测水深/m	17.8989	17.9504	18	18.0536	18.1055

当风速为 12 m/s 时，使吃水深度改变 ± 0.0002 m，即浮标浮力分别改变 +7 N 与 –6 N 时，对应的预测水深误差不超过 0.6%，说明仿真得到的结果具有很强的稳定性，真实可靠。

13.4　总　　结

采用计算机仿真的方法模拟了整个系泊系统的变化情况，确定了当海面风速为 12 m/s 时，钢桶和各节钢管的倾斜角度、锚链形状、浮标的吃水深度与游动区域。该模型通过严谨的物理学，对系泊系统的各个部分进行受力分析得到，并且充分利用了计算机进行迭代运算的优势，其速度快，仿真结果精度高，可以推广到相似的系泊系统问题的分析上。

14 基于元胞自动机的大型建筑人员疏散模拟研究

针对大型建筑下的人员疏散问题，根据元胞自动机的原理，利用人员疏散方向概率，设计元胞自动机下人群的运动规则，建立了人员疏散模型。针对火灾和恐怖分子袭击等特殊情况，改进了概率公式。同时探讨了出口的位置、宽度，初始人员密度及分布情况对人员疏散效率的影响。研究得到了紧急情况下人员疏散的模拟过程及出口、建筑物和初始人员情况对疏散时间的影响。

14.1 引　　言

为了应对恐怖袭击增多的情况，需要审查许多热门目的地的紧急疏散计划。对于复杂的大型建筑，疏散时往往受到建筑物的布局和人员分布的影响，一旦发生紧急情况，疏散不及时会造成人员伤亡和财产损失。本文以法国巴黎卢浮宫的建筑结构为例，对人员疏散过程进行模拟研究，可以对建筑物的安全疏散性能进行合理的评估，对建筑物的结构设计和人员分布提供有价值的建议，以提高疏散效率，保证人员的安全。

14.2 数据处理及假设

将卢浮宫的平面划分为二维网格，则可划分为 40×78 共 3120 个网格，每个网格代表一个元胞，大小为 9 m×9 m，将整个卢浮宫的外围加一层限制人员运动的墙壁，墙壁为一层元胞。通往金字塔和长廊入口内部有一排元胞，即最多只能有一排人群通过。一个元胞可容纳一个人群，设一个人占 0.5 m×0.5 m 的空间，则一个元胞可容纳 324 人，人群聚集在一个元胞内同时移动，且只能在走廊和通道处移动。每个元胞对应一个人员疏散方向概率，人员根据其领域内元胞的人员方向疏散概率确定下一时刻的运动情况，采用 Moore 型邻域的元胞邻居方式，人员可向八个方向运动或保持静止。

结合实际情况，假设人群移动的速度相同，都为 1.2 m/s，则每一步取 7.5 s，卢浮宫内的人员每个步长更新一次。在整个演化过程中，人员每次更新位置只能移动一个格点。

14.3 人员疏散模型的建立

14.3.1 问题的分析

为了解决人员疏散问题，需要对行人流的运动情况进行分析，这是一个十分复杂的非线性物理问题，考虑几种代表性的模型：社会力模型、格子气模型和元胞自动机模型。

社会力模型是目前仿真模型中较为完善的体现行人真实运动状态的模型，但由于需要考虑的因素多而复杂，微分方程组难以求解，不利于发展与推广。格子气模型能描述行人运动过程中出现的各种自组织行为和临界现象，容易被应用到各种环境中，但是更新规则较为理想化，不能很好地体现系统演化的同时性，与实际情况不太相符。元胞自动机模型能对非线性的复杂系统进行描述和分析，具有高度的离散性，可以将复杂连续系统做离散化处理；具有空间和时间上的一致性，在宏观上的状态演化是同步的；具有相互作用的局部性，而动力学演化行为是全局的。此外，还具有灵活性、计算效率高等特点，被广泛应用于行人流疏散问题的模拟研究。本文选取元胞自动机模型对人员疏散问题进行主要的研究。

1. 元胞自动机的基本定义

元胞自动机是一种时间、空间、状态都离散，空间相互作用和时间因果关系为局部的网格动力学模型，具有模拟复杂系统时空演化过程的能力，其基本单元是具有记忆状态功能的元胞。所有元胞的状态都在不断地发生变化，$t+1$ 时刻的元胞状态与 t 时刻的状态及其周围相邻元胞的状态相关。元胞自动机模型可以由一个四元组（G，J，N，F）组成，其中 G 为均匀的网格，J 为元胞离散的状态集合，记为 $J = \{0,1,2,\cdots,i-1\}, i \in \mathbf{Z}$，$N$ 为空间邻域内元胞的集合，R 是邻域半径，满足 $\forall R \in G$，$\forall K \in N$，$R+K \in G$。局部规则为 $F: f_n \rightarrow f$，为 f_n 映射到 f 上的一个局部转换函数。元胞自动机即由单个元胞、元胞状态集合、邻居及局部规则组成。

2. 状态空间分类及选取

二维元胞自动机有两种状态。第一种是 Von Neumann 状态，由 1 个要演化的中心元胞与 4 个邻近东西南北的元胞组成。另一种是 Moore 状态，除了第一种中邻近东西南北方位的元胞外，它还包括次邻近的位于东北、东南、西北和西南的 4 个元胞，一共 9 个元胞。这两种邻居示意图如图 14.1 所示。

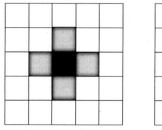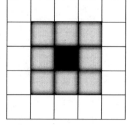

图 14.1　元胞自动机邻居模型

其中，黑色的元胞为中心元胞，灰色元胞为其邻居。相比 Von Neumann 型邻域只有 4 个方向，为更符合实际疏散情况，本文选取 Moore 型邻域的元胞邻居方式，每个群体每一时间步只需考虑周围 8 个邻居元胞及其本身所在位置的位置情况。

3. 元胞的变化规则制订

（1）人员运动方向根据概率选取；

（2）其他人员的排斥和墙壁的阻挡限制运动方向的选择；

（3）根据新环境仿真系统同步更新最优路线；

（4）当人员疏散到安全出口以后自动从系统中删除；

（5）疏散模拟直到所有可逃生人员全部逃生到出口以外结束。

14.3.2 单层建筑人员疏散模型

1. 研究方法

人员疏散方向概率指人员选取相邻元胞或自己元胞的概率，则(i,j)网格人员疏散方向概率的表达式为

$$P_{ij} = \frac{G_{ij}}{\sum_{n=0}^{8} G_{ij}}$$

式中：n 为自然数；G_{ij} 为网格(i,j)的位置吸引度，表达式为

$$G_{ij} = \frac{1}{4\left[d_k(i+s, j+t) - d_{k\min}(i,j) + 1\right]^2}(1-R_{ij})Q_{ij} \quad (s,t = -1,0,1)$$

其中：R_{ij} 为相邻网格(i,j)被其他人员占据的情况，$R_{ij}=0$ 表示该点坐标未被占据，$R_{ij}=1$ 表示该点坐标被人占据了；Q_{ij} 为相邻网格(i,j)被墙壁或障碍物占据的情况，$Q_{ij}=0$ 表示该坐标点没有被占据，$Q_{ij}=1$ 表示该点已经被墙壁或者障碍物占据；$d_k(i+s, j+t)$为网格点(i,j)及周围共 9 个点到选定的门口 k 的距离，门口的选择为

$$d_{k\min}(i,j) = \min d_k(i,j) \quad (k = 1,2,3,4)$$

其中，$d_k(i,j)$表示网格点(i,j)到点(x_k, y_k)之间的距离，其表达式为

$$d_k(i,j) = \sqrt{(x_{ij} - x_k)^2 + (y_{ij} - y_k)^2}$$

其中，(x_{ij}, y_{ij})表示网格点(i,j)的位置坐标，(x_k, y_k)表示门口 k 的坐标，$k=1,2,3,4$。$d_{k\min}(i,j)$ 表示第(i,j)个网格点与选定的门口的最小距离，其表达式为

$$d_{k\min}(i,j) = \min d_k(i+s, j+t) \quad (s,t = -1,0,1)$$

当有多个人员想要进入相邻的网格时，可能会发生选择冲突，针对这种情况，一般通过随机的相同概率允许一个元胞个体进入此网格中进行下一步疏散。

由上述表述，可以得到每一个元胞的变化规则，且每一次时间步的更新表示的是每个群体只可能走至多一步，因而每一次模拟至多有一个群体走到其中一个门的位置，即认为其下一步将走出卢浮宫。

2. 结果分析

根据人群移动的速度和距离，将一个步长设置为 7.5 s。根据已知的 2017 年卢浮宫接

待游客 810 万人次，取某一时刻每一楼层的参观人数为 13 000，即 40 个人群（元胞），得到不同时刻人群的疏散情况，如图 14.2 所示。

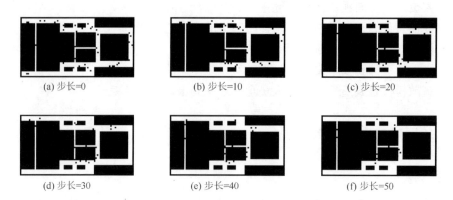

(a) 步长=0 (b) 步长=10 (c) 步长=20

(d) 步长=30 (e) 步长=40 (f) 步长=50

图 14.2　单层建筑人群疏散情况

用该模型进行人员疏散仿真模拟，运行 10 次，得到不同的运行步长，求得其均值为 93.4，平均时间为 700.5 s，即 700.5 s 时，一层楼共 40 个人群可全部逃离卢浮宫。该结果与实际情况较为相符，所以模型的仿真效果良好。

同时还可以得到运行步长的标准差为 14.22，变异系数约为 15.23%。

3. 结果改进

为了提高精度，将元胞的大小改为 3 m×3 m，则可划分为 116×230 共 26 680 个网格，一个元胞可容纳 324 人，共 360 个人群（元胞），取步长为 2.5 s，得到不同时刻人群的疏散情况。

用该模型进行人员疏散仿真模拟，运行 10 次，得到不同的运行步长，求得其均值为 299.1，平均时间为 747.7 s，即 747.7 s 时，一层楼共 360 个人群可全部逃离卢浮宫。该结果与实际情况相符，所以模型的仿真效果良好。

同时还可以得到运行步长的标准差为 14.59，变异系数约为 4.87%，变异系数显著减小，模型更加稳定。

14.3.3　多层建筑人员疏散模型

1. 数据处理及假设

对卢浮宫二维平面进行改进，引入楼层的选择。将卢浮宫的平面划分为三维网格，在同一平面内仍划分为二维网格，同时加入上、下 2 个网格，共进行 11 个网格的选取，取元胞的大小为 3 m×3 m。在卢浮宫的二楼楼顶和负二楼地面再加一层限制人员运动的墙壁，墙壁为一层元胞，一个元胞的大小和容纳情况不变。

因为大型建筑的楼梯多而繁杂，且楼梯的宽度大多较宽，人群几乎可以随时在两层楼之间移动且所需时间较少，所以假设忽略人群在楼梯中移动的情况。

2. 研究方法

引入密度排斥度,对人员疏散概率公式进行改进,改进后的 m 楼层 (i, j) 网格方向概率表达式为

$$P_{ij,m} = \frac{G_{ij,m}}{\sum\limits_{m=0}^{8} G_{ij,m}} \times p + \frac{M_{ij,m}}{\sum\limits_{m=1}^{5} M_{ij,m}} \times q$$

式中:p、q 为权重,并且 $p+q=1$;$P_{ij,m}$ 为 m 楼层 (i, j) 网格的位置吸引度;$M_{ij,m}$ 为 m 楼层 (i, j) 网格的密度排斥度,其表达式为

$$M_{ij,m} = 9 - \sum_{m=0}^{t} R_{ij,m}$$

式中:m 为自然数;t 为网格 (i, j) 的九宫格被人群占据的个数;$R_{ij,m}$ 为 m 楼层相邻网格 (i, j) 被其他人员占据的情况。

由上述表述,可以得到每一个元胞新的变化规则及群体的运动情况。

3. 结果分析

将一个步长设置为 2.5 s,根据展点的数量,取某一时刻地下二楼、一楼,地面、一楼、二楼和三楼参观人数分别为 2927、5869、4576、2719 和 109。得到步长为 60 时各个楼层及五个楼层合在一起的人群疏散情况,如图 14.3 所示。

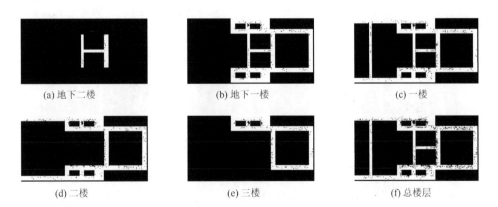

(a) 地下二楼　　　　　(b) 地下一楼　　　　　(c) 一楼

(d) 二楼　　　　　(e) 三楼　　　　　(f) 总楼层

图 14.3 多层建筑人群疏散情况

用该模型进行人员疏散仿真模拟,运行 30 次,得到不同的运行步长,求得其均值为 452.3,平均时间为 1130.8 s,运行步长的标准差为 36.7,变异系数约为 8.11%,即 1130.8 s 时,所有人员可全部逃离卢浮宫。在多层复杂建筑中,人员疏散时间远大于单层建筑人员疏散时间,因此更要注意防范险情。

14.3.4　特殊情况下人员疏散模型

1. 数据处理及假设

取多层建筑人员疏散模型的数据及情况，并假设特殊情况只影响发生地点的同一楼层，不会扩散到其他楼层。

2. 研究方法

针对火灾和恐怖分子袭击等特殊情况，引入危险排斥度，对人员疏散概率公式进行改进，改进后的 m 楼层(i,j)网格方向概率表达式为

$$P_{ij,m} = \frac{G_{ij,m}}{\sum\limits_{m=0}^{8} G_{ij,m}} \times p + \frac{M_{ij,m}}{\sum\limits_{m=1}^{5} M_{ij,m}} \times q + \frac{W_{ij,m}}{\sum\limits_{m=0}^{8} W_{ij,m}} \times r$$

式中：p、q、r 为权重，并且 $p+q+r=1$；$W_{ij,m}$ 为 m 楼层(i,j)网格的危险排斥度，其表达式为

$$W_{ij,m} = \frac{1}{4\left[d_k(i+s,j+t)-d_{k\min}(i,j)+d_w(i,j)^{\frac{3}{4}}+1\right]^2}(1-R_{ij})Q_{ij} \quad (s,t=-1,0,1)$$

其中，$d_w(i,j)$表示网格点(i,j)到危险发生点(x_w,y_w)之间的距离。

3. 结果分析

同样取步长为 2.5 s，利用单层建筑人员疏散模型的数据，得到步长为 32 时人群疏散情况，如图 14.4 所示。

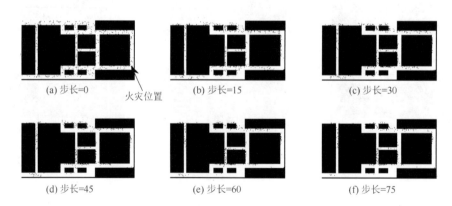

图 14.4　特殊情况下单层建筑人群疏散情况

用该模型进行人员疏散仿真模拟，运行 10 次，得到不同的运行步长，求得其均值为 296.6，平均时间为 741.5 s，即 741.5 s 时，所有人员可全部逃离卢浮宫。运行步长的标准差为 39.95，变异系数约为 13.47%。

通过观察疏散过程可以看出：在正常情况下最右边走廊人群在选择最近的出口时，分别朝上或朝下疏散；在发生火灾时，在火灾位置附近的人群全部选择远离火灾方向疏散，符合规律，模型稳定。

14.4 灵敏度分析

为了找到限制人员向出口移动的潜在瓶颈，考虑出口的位置、宽度，初始人员密度及分布情况对人员疏散效率的影响。

14.4.1 出口位置的影响

根据多层建筑人员疏散模型得到的疏散情况图，可以发现人员疏散过程中在德农馆附近、金字塔入口和黎塞留馆通道三个地方出现了瓶颈，针对这些瓶颈，改变出口的位置和宽度，研究其对疏散效率的影响。

在德农馆附近增加一个出口进行人员疏散仿真模拟，得到新的运行步长为226.7，平均疏散时间为566.75 s，时间减少了49.9%。这说明增加的出口可以非常明显地提高疏散效率。

14.4.2 出口宽度的影响

将金字塔入口和黎塞留馆通道的大小分别增加至 12 m、15 m、18 m，得到的影响结果如表14.1所示。

表 14.1 出口宽度影响表

出口宽度/m	平均疏散时间/s	时间改变率/%
9	845.3	—
12	798.3	5.6
15	827.5	2.1
18	832.5	1.5

可以看出，出口宽度对人员疏散时间没有显著的影响，因此研究疏散问题不必刻意增加门口的宽度。

14.4.3 初始人员情况的影响

改变初始人群数分别为300、400、500、600，得到不同的运行结果如表14.2所示。根据表格可以得到初始人员密度对人员疏散时间有显著影响，且初始人员密度越大，人员疏散时间越长，人员疏散效率越低。因此，对于大型建筑，应控制场内人员密度，以便发生险情及时疏散。

表 14.2　初始人员密度影响表

初始人群数	平均疏散时间/s	时间改变率/%
300	852.5	—
400	892.5	4.7
500	1042.5	22.3
600	1086.5	27.4

14.5　总　　结

　　本文以法国巴黎卢浮宫的建筑结构为例，针对复杂的大型建筑，利用概率公式并引入密度排斥度对公式进行改进，建立了元胞自动机模型，模拟研究了人员疏散过程，并对疏散过程中出现的瓶颈问题提出了改进方案。针对火灾或恐怖分子袭击的特殊情况，引入危险排斥度，改进概率公式，模拟人员疏散过程，使得在紧急情况下人员疏散更具有真实性。同时，根据运行的结果及实际情况，研究了出口的位置、宽度及初始人员密度对人员疏散效率造成的影响，对建筑物的安全疏散性能进行了合理的评估，并基于安全性对建筑物的结构设计提供了有价值的建议。

15   基于元胞自动机的公路交通研究

15.1   引   言

当今，世界上大部分国家的多车道高速公路遵从着除在超车的情况外车辆必须靠右行驶的交通规则。那么，相比于其他车辆行驶交通规则，这种规则是否能够有效改善高速公路的交通状况呢？这种规则在提升车流量的方面是否有效？本文通过建立基于元胞自动机的公路交通模型，再利用 MATLAB 分别进行编程，求解在靠右行驶和无限制行驶这两条规则下的相关指标，通过对比相关指标最终给出有价值的结论。

15.2   方法合理性介绍

元胞自动机是一种时间、空间、状态都离散，空间相互作用和时间因果关系为局部的网格动力学模型，具有模拟复杂系统时空演化过程的能力。在本问题中，可将道路划分为若干小的矩形单元使其离散化，将时间以 1 s 为单位进行离散处理，而在空间上车辆也属于离散状态。这样处理后每个道路的矩形单元都由相邻矩形单元按照一定的行驶规则进行控制，符合驾车时驾驶员控制所驾驶车辆的下一时刻运行状态取决于周边车道此时刻的状态的现实交通行驶规则，可以显著简化模拟过程，故本问题可利用元胞自动机模型进行求解。

15.3   本文特定名词及假设

为了方便文中后续内容的描述，特定义以下名词。

（1）靠右行驶规则：除了从左侧超车情况外，车辆必须保持右侧行驶。

（2）无限制行驶规则：车辆行驶无限制且可在左侧或右侧进行超车。

（3）双车道公路：在左半侧有两条公路可供一个方向行驶，在右半侧有两条公路可供另一个方向行驶，共四条车道。

（4）安全距离：保证车辆不发生危险的最小距离。

为了方便解决问题，提出以下假设：

（1）假设所模拟的道路是直的且中间无障碍物；

（2）假设模型中所模拟车辆的所有属性均相同，包括尺寸、性能等；

（3）假设模型中每条行车道宽度只能允许行驶一辆车；

（4）忽略天气对模型的影响；

（5）假设车辆在行驶过程中不会出现突发故障而停止；

（6）假设司机在行车过程中改变原行驶状态时无须反应时间。

15.4　公路交通模型的建立

15.4.1　研究思路

在本问题中，将每条公路等长划分为若干个矩形，截取从车辆流入为起始点后的 1000 个矩形区域作为研究目标区域。其中每个矩形空间的长为 4 m，宽为单车道公路宽，即每个矩形空间每次可容纳 1 辆车辆，为了方便计算，只考虑公路的一个行驶方向，这样就将 N 车道的公路转化为 1000 N 个矩形。对所选取的区域，再将其划分为三个特定区域：车辆流产生区域、车辆流行驶区域、车辆流输出区域。其中，车辆流产生区域用于生成原始车流量，车辆流行驶区域为在特定行驶规则下车辆行驶的中间过程区域，车辆流输出区域用于为计算相关指标采集数据。然后建立车辆运动原始模型，再根据制订的车辆靠右行驶规则和无限制规则对模型进行改进，最后利用 MATLAB 进行仿真求解。

15.4.2　车辆运动原始模型的建立

为了描述车辆在模型中的生成和在行驶过程中的一般行为，首先建立车辆生成模型，然后再将车辆运动划分为两个子运动，即车辆跟随运动和车辆超车运动，并根据两个子运动的运动规律建立车辆跟随模型和车辆超车模型。综上，共将车辆运动原始模型划分为三个子模型：车辆生成模型、车辆跟随模型和车辆超车模型，下面将对每个子模型的机理进行具体分析。

1. 模型一：车辆生成模型

对于每条道路，选取其前 5 个矩形单元作为车辆生成区域。定义车辆产生的时间间隔 T 为 1 s，每次产生车辆的数目为 N_{start}。在车辆生成区域范围内，为了使流入模型更加接近实际，假设每一次生成车辆时所生成的车辆数目 N_{start} 服从泊松分布，则 N_{start} 满足：

$$P(N_{start}) = \frac{\lambda^N}{N_{start}!} e^{-\lambda}, \qquad N_{start} > 0$$

由泊松分布函数的性质可得，λ 为每一次生成车辆时所生成的车辆数目 N_{start} 的数学期望，可以通过改变其值的大小来控制模型中车辆产生时的交通状况，通过调整其值的大小来设定交通的繁重程度。λ 越大，交通越拥挤；反之交通越轻松。

将每次产生的车辆随机分配到车辆生成区域的矩形单元内。

对于所产生车辆的初始速度 v_0，速度收敛于一个由交通密度控制的值：交通密度大时，车道充满了车辆，车辆速度由行驶最慢的车辆决定，故车辆速度收敛于低速极限；交通密度小时，车辆可以自由加速，故车辆速度收敛于道路规定的最大行驶速度。因此，为了简化模型，随机生成其初始速度，且其值满足

$$12 \text{ m/s} \leqslant v_0 \leqslant 28 \text{ m/s}$$

2. 模型二：车辆跟随模型

在此模型中，为与车辆生成模型保持一致，假设时间间隔 $T=1$ s 为一个循环的时间周期。

在每一个周期中，模型的具体执行情况如下。

步骤1：在每一个时间周期起始点，读取每辆车所处的位置和此刻所具有的速度。根据读取的上述数据，可计算同一车道相邻两车之间的距离为

$$L = 4 \times n$$

式中：L 为同一车道相邻两车之间的距离；n 为同一车道相邻两车之间矩形单元的个数。

步骤2：根据同一车道相邻两车之间的距离确定这一时间周期内的驾驶行为，再根据所选择的驾驶行为，更新每一个车辆的速度。

设相邻两车辆的安全距离为 G_{safe}，则

$$G_{safe} = V \times 1$$

式中：V 为每一个时间周期起始点同一车道两相邻车辆中后方车辆的速度。

（1）若 $L \geqslant G_{safe}$，根据驾驶习惯可得后车司机有很大概率会选择加速，但也存在一定的概率保持匀速或减速。为了使模型更加接近实际，应当考虑这些情况，因此在此情况下引入司机会选择何种驾驶行为的概率，定义其值如表15.1所示。

表 15.1 司机驾驶方式选择概率表

概率	加速概率 P_a	保持原速概率 P_b	减速概率 P_c
P	0.7	0.2	0.1

为了不让其速度大幅度增加且超过或低于公路的速度限制，引入了公路最高限速 V_{max} 和最低限速 V_{min}。基于定义的概率和上述描述，在 $L \geqslant G_{safe}$ 的情况下创建了如下规则：

$$V' = \begin{cases} \min(V_{max}, V+4) & (P = P_a) \\ V & (P = P_b) \\ \max(V_{min}, V-4) & (P = P_c) \end{cases}$$

式中：V' 为这一时间周期内的驾驶速度；P 为选择其中一种方式的概率。

（2）若 $L < G_{safe}$，此时有两种驾驶行为：一种为超越前车，这种驾驶行为将在车辆超车模型中具体阐述；另一种为进行减速，当车辆无法满足超车的命令（即不满足车辆超车模型中的条件，此模型将在下文进行详细描述）时，对车辆实行减速命令，使其到达安全车速。因此，制订了如下规则：

$$V' = \max(V_{min}, V_{safe})$$

式中：V_{safe} 为此状态下的安全行驶速度，其值满足

$$V_{\text{safe}} = G_{\text{safe}} / T$$

3. 模型三：车辆超车模型

在此模型中，仅讨论当 $L < G_{\text{safe}}$ 时的超车情况，当 $L \geqslant G_{\text{safe}}$ 时认为车辆不会进行超车行为，即无超车情况。

为与车辆生成模型保持一致，假设时间间隔 $T = 1\text{ s}$ 为一个循环的时间周期。若在此时间间隔内能够完成超车，则在循环周期初执行超车命令，若不能完成超车，则在循环周期初执行减速命令。

在每一个周期中，模型的具体执行情况如下。

步骤 1：在每一个时间周期起始点，读取每辆车所处的位置和此刻所具有的速度。根据读取的上述数据，可计算同一车道相邻两车之间的距离为

$$L = 4 \times n$$

式中：L 为同一车道相邻两车之间的距离；n 为同一车道相邻两车之间矩形单元的个数。

步骤 2：根据同一车道相邻两车之间的空间关系、同一车道相邻两车现有速度和同一车道相邻两车之间的道路状况进行判断。若其满足超车所具备的所有条件，且司机正好有意愿进行超车，则可视为超车选择可达成。

超车必须具备如下条件。

条件一：$L < G_{\text{safe}}$。

条件二：同一车道相邻两车中，前车的速度小于后车的速度，即 $V_{\text{back}} > V_{\text{front}}$。

条件三：假设后车在选择超车时仍会进行加速，且假设其加速过程为瞬时完成，其加速后所具备的速度为 $V'_{\text{back}} = V_{\text{back}} + 4$，则在此时间周期内，为了保证后车超越前车之后仍有安全距离，两车的速度关系还应满足

$$(V'_{\text{back}} - V_{\text{front}})T > L + 8$$

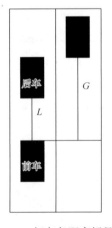

条件四：车辆在超车过程中，必将进行换道行驶，因此在其所换到的车道上必将满足

$$V'_{\text{back}}T < G$$

式中：G 为车辆所换车道上的安全距离，其距离如图 15.1 所示。

当同一车道两相邻车辆中后车所具备的各参数和其几何位置满足上述条件，且司机正好有意愿进行超车时，即可视其为超车可达成。而车辆的超车过程是一个复杂的过程，需经过两次变道等操作，而当满足上述条件时，便可以简化超车过程，如图 15.2 所示。

图 15.1　超车各距离解释图

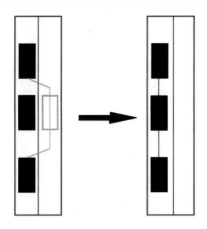

图 15.2   超车简化过程图

图 15.2 中空心矩形表示超车线路。

因此，将上述条件作为超车时的必要条件，当四个条件均满足，且司机有超车意愿时，便可完成超车，超车完成后，超车车辆与被超车车辆按原车速行驶。

15.4.3   两种车辆运行规则的确立

为了使车辆运动原始模型能够运用到不同的规则之下，需对其进行特定规则的应用。将这些规则转化为编程语言，即对元胞自动机模型使用一些规则，使其能够按照特定的规则进行仿真。下面将分别描述靠右行驶规则和无限制行驶规则。

为了方便描述，定义了符号 L_{right}、L_{left}，为了更直观地说明这些符号，做出了以下说明图（图 15.3）。

图 15.3 中黑色矩形代表行驶中的车辆。

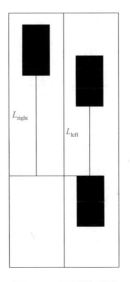

图 15.3   符号说明图

1. 靠右行驶规则

以下规则为车辆靠右行驶规则，这些规则的优先级为依次降低，且若优先级靠前的规则实施后，在本次时间周期内不执行余下的规则，若优先级靠前的规则不满足实施条件或状态为本规则实施后的状态，则直接跳至下一条规则。

规则一：若车辆在左侧车道行驶，而 $L_{\text{right}} \geqslant G_{\text{safe}}$，则换行右车道，否则继续沿原车道行驶。

规则二：若当前车辆间隙 $L \geqslant G_{\text{safe}}$，则车辆按照车辆跟随模型中规定的相关驾驶行为行驶。

规则三：若 $L_{\text{left}} \geqslant G_{\text{safe}}$，且满足超车条件，则利用超车模型进行驾驶；若不满足超车条件，则利用车辆跟随模型进行驾驶。

综上，当所建立的公路交通模型按照此规则行驶时，其满足：

$$S_{t+nT} = S_t(f_1)$$

式中：S_t 为公路交通模型在时刻 t 的状态；S_{t+nT} 为公路交通模型在时刻 t 的状态下经过时间 nT 后的状态；f_1 为靠右行驶规则。

2. 无限制行驶规则

以下规则为车辆无限制行驶规则，这些规则的优先级为依次降低，且若优先级靠前的规则实施后，在本次时间周期内不执行余下的规则，若优先级靠前的规则不满足实施条件或状态为本规则实施后的状态，则直接跳至下一条规则。

规则一：若当前车辆间隙 $L \geqslant G_{\text{safe}}$，则车辆按照车辆跟随模型中规定的相关驾驶行为行驶。

规则二：若 $L_{\text{left}} \geqslant G_{\text{safe}}$，且满足超车条件，则利用超车模型进行左侧超车驾驶；若不满足超车条件，则利用车辆跟随模型进行驾驶。

规则三：若 $L_{\text{right}} \geqslant G_{\text{safe}}$，且满足超车条件，则利用超车模型进行左侧超车驾驶；若不满足超车条件，则利用车辆跟随模型进行驾驶。

综上，当所建立的公路交通模型按照此规则行驶时，其满足：

$$S_{t+nT} = S_t(f_2)$$

式中：S_t 为公路交通模型在时刻 t 的状态；S_{t+nT} 为公路交通模型在时刻 t 的状态下经过时间 nT 后的状态；f_2 为无限制行驶规则。

15.5　公路交通性能指标的确立

为了评判公路交通性能，将每条公路除车辆生成区域外所有矩形单元作为车辆流输出区域。通过采集车辆流输出区域内的相关数据进行分析综合，最终将车辆流输出区域内车辆平均速度、交通密度作为对比依据，在本部分，将对这两个指标进行说明。

指标一：车辆平均速度。

车辆平均速度是评判一个公路交通性能的重要指标。对于同样的初始条件，输入不同的公路交通模型中，其输出端的车辆平均速度越高，就证明其公路交通性能越好。

由车辆平均速度的定义可得

$$V_{ave} = \frac{\sum V}{N_{over}}$$

式中：V_{ave} 为车辆平均速度；V 为车辆流输出区域内每个车辆的速度；N_{over} 为车辆流输出区域内车辆的个数。

指标二：交通密度。

交通密度是指一条车道上车辆的密集程度，即在某一瞬间单位长度一条车道上的车辆数，又称道路密度。交通密度可以反映一个公路的适用效率和拥挤程度，因此交通密度能够有效地反映公路的交通性能。一个合适的交通密度就意味着这段公路交通性能较好，既能有效利用道路资源，又能很好地避免交通拥挤。

由于本文规定一个矩形单元只能存在一辆车，故可用车辆流输出区域内车辆数目占车辆流输出区域矩形单元个数的比值表示交通密度。因此，由交通密度的定义可得

$$K = \frac{N_{over}}{N_0}$$

式中：N_{over} 为车辆流输出区域内车辆的个数；N_0 为车辆流输出区域矩形单元个数。

15.6　结　果　分　析

利用 MATLAB 软件对上文所建立的公路交通模型进行仿真，得出不同 λ 值所对应的交通密度和车辆平均速度表（表 15.2）。

表 15.2　仿真数据（部分）

λ	3	5	7	9	10
交通密度（无限制行驶规则）	0.059	0.074	0.089	0.096	0.101
交通密度（靠右行驶规则）	0.057	0.078	0.094	0.108	0.101
车辆平均速度(无限制行驶规则)/(m/s)	24.51	25.49	25.94	25.72	25.83
车辆平均速度(靠右行驶规则)/(m/s)	25.16	25.75	25.97	26.18	25.98

在仿真过程中，得到了大量交通密度和车辆平均速度之间的对应数据。为了更好地分析结果，利用仿真数据，建立了交通密度与车辆平均速度之间的对应关系，来更加直观地反映两种规则的优劣性。

对于靠右行驶规则，提取仿真数据并对其进行回归预测，可得出其交通密度和车辆平均速度之间的关系为

$$\overline{V}_1 = 4 \times (5.7374 + 10.8390K_1 - 31.8092K_1^2)$$

对于无限制行驶规则，提取仿真数据并对其进行回归预测，可得出其交通密度和车辆平均速度之间的关系为

$$\overline{V}_2 = 4 \times (5.7757 + 9.6604K_2 - 26.8036K_2^2)$$

其回归曲线如图 15.4 所示。

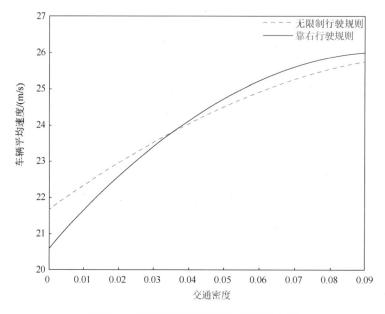

图 15.4   交通密度与车辆平均速度拟合图

由图 15.4 可得，当交通密度较小时，无限制行驶规则下可以更快速行车，但随着交通密度的增加，靠右行驶规则更能保证在可靠安全性的前提下快速驾驶。

16　基于排队论的眼科病床分配优化模型

为优化医院眼科病床的安排问题，本文基于实际需求，建立了病床的安排优化模型。首先对收集的数据进行分析，提出了兼具效率与公平的评价指标体系。然后，选取安排患者入住的规则，并根据规则定义了时序优先级矩阵及基于超忍耐度的增强优先级矩阵，使用 MATLAB 编程仿真，得到新的病床安排方案。最后根据所建立的评价指标体系对新旧方案进行了分析与对比，验证了新方案的可行性。

16.1　引　　言

随着医疗改革的不断深入，医疗行业面临着越来越大的市场竞争压力。如何对床位进行有效的配置和利用，成为医疗管理运营领域的重点研究方向之一。当前患者对医疗资源的需求不断增加，而床位资源相较非常有限，由于医疗系统的随机性、复杂性和动态性，本文将排队论应用于医院病床安排上。通过随机服务系统理论，提高床位的有效利用率或提升患者的满意度，从而提升医疗服务水平，降低成本，增加效益，这对于医院的运营和患者的治疗都具有重大意义。

16.2　问　题　分　析

16.2.1　案例背景

本题节选自 2009 年全国大学生数学建模竞赛 B 题。某医院眼科门诊每天开放，住院部共有病床 79 张。该医院眼科手术主要分四大类：白内障、视网膜疾病、青光眼和外伤。附录（见 2009 年全国大学生数学建模竞赛 B 题附录）中给出了 2008 年 7 月 13 日～9 月 11 日这段时间里各类患者的历史数据记录。

白内障手术较简单，安排在每周一、周三，此类患者的术前准备时间只需 1～2 天，其中做两只眼的患者大约占到 60%。如果要做双眼是周一先做一只，周三再做另一只。外伤疾病通常属于急症，病床有空时立即安排住院，住院后第二天便会安排手术。其他眼科疾病比较复杂，一般不安排在周一、周三，但大致住院以后 2～3 天内就可以接受手术，主要是术后的观察时间较长。白内障、视网膜疾病、青光眼的急症均不予以考虑。

在考虑病床安排时，可不考虑手术条件的限制，但考虑手术医生的安排问题，通常情况下白内障手术与其他眼科手术（急症除外）不安排在同一天做。当前该住院部对全体非急症患者按照先来先服务（first come, first serve, FCFS）规则安排住院，但是等待住院患者的队列却越排越长。需要解决以下问题：

（1）确定合理的评价指标体系，用以评价该问题的病床安排模型的优劣。

（2）试就该住院部当前的情况，建立合理的病床安排模型，并利用评价指标体系进行评价。

16.2.2 模型假设及数据初步分析

基于历史数据的分析，本文做出了以下假设：

（1）患者数据源是无限的；

（2）对于同一种病的患者，采用 FCFS 规则；

（3）青光眼和视网膜疾病当作其他疾病统一处理；

（4）只把外伤列入急症范围，其他眼科疾病均不属于急症；

（5）不考患者的私人突发事件导致的无法及时入住等意外情况。

1. 数据加工

在建立模型之前，对原始数据进行了分析。题目中所给数据包括序号、类型、门诊时间、入院时间、第一次手术时间、第二次手术时间和出院时间。为了得到有用的数据信息，发现患者到达服务信息表中的潜在价值，对信息属性增添等待入院时间、入院后等待手术花费时间和总住院时间共三条新字段，其中：

$$等待入院时间 = 入院时间 - 门诊时间$$
$$入院后等待手术花费时间 = 第一次手术时间 - 入院时间$$
$$总住院时间 = 出院时间 - 入院时间$$

2. 数据的泊松分布检验

建立病床安排的排队论模型，首先需要检验每天就诊排队的人数服从哪种数学分布。对题目附录中所给的数据进行泊松分布检验，可得每天就诊排队的人数服从 $\lambda = 6.463$ 的泊松分布，如图 16.1 所示。由此可以通过定义一个服从泊松分布的随机数来表示每天的就诊人数。

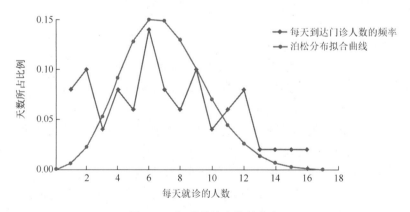

图 16.1　每天就诊人数的分布

3. 原始数据的评价

根据排队论的相关指标对原始数据进行评价，得到如下结果（表 16.1）。

表 16.1　患者入住原始信息的相关数据

使用率	急诊平均逗留时间/天	其他平均逗留时间/天	平均周转次数
0.918	1	10.7106	0.0874

统计数据显示，病床的使用率未达到最优，急诊之外的患者平均逗留时间较长，可能是病床分配不合理造成的。因此，需要通过数学建模重新制订病床安排方案，来帮助解决该住院部的病床合理安排问题，以提高对医院资源的有效利用。

16.3　模型的建立与求解

16.3.1　评价指标体系

1. 评价指标的选取

要评价病床安排模型的效率，需要首先确定指标体系。在不考虑手术条件的限制下，本文从医院和患者两个角度来构建评价指标。评价的原则是，以患者为中心，提高病床的使用效率。首先对于医院而言，每天可用于周转的病床越多越好，每天能够入住的患者的数量越多越好，对于突发情况的应急能力越强越好。而对于患者而言，从门诊到入院时间的间隔越短越好。综上考虑，结合患者就医的实际情况和眼科医院出现的现实问题，本文构建的评价指标体系确定如下。

1）指标一：病床的使用率

病床的使用率是指每天使用床位与实有床位的比率，我国国内公立医院的床位使用率一般在 85% 以上，三级医院一般都达到 90% 以上。病床的使用率是反映医院病床安排是否合理有效的一个直观的检验指标，一个较好的病床安排模型能够使得病床使用率较高。其计算公式如下：

$$\eta = \frac{\bar{d}}{S}$$

式中：S 为病床总数，即 79；

$$\bar{d} = \frac{\sum_{i=1}^{n} d_i}{n}$$

$\bar{d}$ 为平均每天使用的病床数量，其中，d_i 表示每天正在使用的病床数量，n 表示该阶段的总天数。

代入实际数据发现，该眼科医院病床的使用率持续偏高，单凭借此项指标来评价病床的安排模型优劣不够周全，故还需综合考虑病床的周转情况与应急能力。

2）指标二：病床的周转次数

病床周转次数是反映医院病床安排是否合理的指标之一，指的是在一定时期内每张床位的出院患者人数，即

$$N = \frac{P}{S'}$$

式中：S' 为平均开放的床位数，假设该医院眼科病房每天的床位全部可供使用，则平均开放床位数 S' 等于病床总数 S；P 为统计时间内的出院人数，有

$$P = \sum_{i=1}^{n} P_i$$

其中，P_i 表示第 i 天的出院人数。

3）指标三：应急能力

医院病床的应急能力是反映医院整体管理水平的指标之一，指的是急诊患者的人均等待入院时间。平均时间越短，说明医院病床在面对突发情况时的应急能力越强，即病床安排模型越优。应急能力表示如下：

$$C = \frac{\sum_{k=1}^{q} t_k}{q}$$

式中：t_k 为第 k 个急诊患者的等待入院时间；q 为急诊患者的总数。

4）指标四：平均等待入院时间

考虑术后恢复时间和等待手术的时间受床位安排的影响较小，且与疾病种类和严重程度有关，故本文只选取患者从门诊到住院之间的时间段作为评价指标，更为合理、有效。该指标能够从患者的角度考虑，通过有效地缩短平均等待入院时间来提高患者的满意度。

从患者角度而言，等待入院时间越短，对医院的满意度越高，平均等待入院时间表示如下：

$$T = \frac{\sum_{k=1}^{m} t_k}{m}$$

式中：t_k 为第 k 个患者的等待入院时间；m 为时间段内总入院人数。

5）指标五：公平度

对于非急诊患者来说，绝对的公平意味着所有的非急诊患者要遵循 FCFS 规则，那么住院插队就是不公平的体现。引入线性代数中的逆序数来作为公平度的度量工具。

选择观察期一段时间内的非急诊患者，将他们按照门诊的时间顺序进行顺序排列，得到的序列为正序数列，记为 O。将他们按照住院的时间顺序进行顺序排列，得到的序列记为 M，则可以求出序列 M 的逆序数 $\tau(M)$。因此，定义公平度为

$$F = 1 - \frac{\tau(M)}{\max \tau(M')}$$

式中：$\max \tau(M')$ 为最不公平情况下的逆序数，即入院顺序和门诊顺序完全相反的情况下的逆序数。

2. 评价指标体系的确定

评价指标体系的建立是为了评价本文新建的病床安排模型与医院现有的 FCFS 规则的优劣。本文根据上述指标，建立了基于层次分析法的评价体系来比较两者的优劣。层次分析法，简称 AHP，是指将与决策总是有关的元素分解成目标、准则、方案等层次，在此基础之上进行定性和定量分析的决策方法。

1）层次结构模型的建立

在深入分析实际问题的基础之上，通过建立的评价指标，建立层次结构模型，将有关的各个因素按照不同的属性自上而下地分解成若干层次，同一层次的诸多因素从属于上一层的因素或对上层因素有影响，同时又支配下一层的因素或受到下一层因素的作用。层次结构模型的目标层就是该问题的最终目标，即达到整体的效益最大。层次结构模型的因素层是病床使用率、病床周转次数、应急能力、平均等待入院时间和公平度五个指标。层次结构模型的方案层则为非急诊患者旧规划方案和新规划方案，如图 16.2 所示。

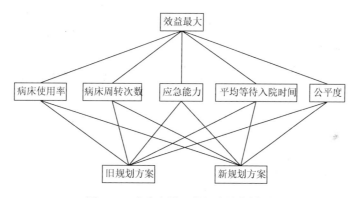

图 16.2 病床安排评价层次结构模型

2）构造对比矩阵

基于新规则和旧规则的结果，从层次结构模型的第二层开始，对于从属于（或影响）上层的每一个因素的同一层诸因素，用成对比较法和 1~9 比较尺度构造对比矩阵，直到最下层。标度表如表 16.2 所示。

表 16.2 1~9 标度的含义

标度	含义
1	表示两个因素相比，具有相同重要性
3	表示两个因素相比，前者比后者稍重要
5	表示两个因素相比，前者比后者明显重要
7	表示两个因素相比，前者比后者强烈重要

标度	含义
9	表示两个因素相比，前者比后者极端重要
2、4、6、8	表示上述相邻判断的中间值
倒数	若因素 i 与因素 j 的重要性之比为 c_{ij}，那么因素 j 与因素 i 的重要性之比为 $c_{ji}=\dfrac{1}{c_{ij}}$

通过比较第二层因素层，可以得到一个矩阵，表示五个指标两两对比得到的重要性，结果如下：

$$C=\begin{pmatrix} c_{11} & \cdots & c_{15} \\ \vdots & & \vdots \\ c_{51} & \cdots & c_{55} \end{pmatrix}$$

其中，以 c_{12} 为例，c_{12} 表示病床使用率与病床周转次数相比而言的重要性。

对于第三层方案层，则只考虑从属于上一层的因素，这里仅以病床使用率为例，将两种方案进行两两对比，得到一个 2×2 的矩阵，如下：

$$\mathbf{Bed\,Utilization}=\begin{pmatrix} 1 & b_i \\ \dfrac{1}{b_i} & 1 \end{pmatrix}$$

其中，b_i 表示对于第 i 个指标病床使用率来说，旧规划方案比新规划方案的重要性。同理，可以求出在其他四个指标情况下的对比矩阵。

3）计算权向量并做一致性检验

对于每一个成对比较矩阵，计算最大特征根及对应的特征向量，利用一致性指标和一致性比率进行检验。若检验通过，特征向量（归一化后）即权向量；若不通过，需要重新构造对比矩阵。计算一致性指标：

$$CI=\frac{\lambda_{max}-z}{z-1}$$

式中：z 为因素层因素的个数；λ_{max} 为最大特征根。

为强调量 CI 的大小，引入随机一致性指标 RI：

$$RI=\frac{CI_1+CI_2+\cdots+CI_z}{z}$$

通过查表 16.3 可以得到 RI 的值。

表 16.3 RI 的值

z	RI
1	0
2	0
3	0.58
4	0.90

续表

z	RI
5	1.12
6	1.24
7	1.32
8	1.41
9	1.45

在得到相应的 CI 和 RI 之后，可以计算一致性比率，用来做一致性检验，一致性检验公式如下：

$$CR = \frac{CI}{RI}$$

当 CR<0.1 时，认为判断矩阵的一致性是可以接受的；否则需要对应对比矩阵做出适当的修正。若检验通过，则可以按照组合权向量计算出来的结果进行评价；否则需要重新构造对比矩阵。通过对比计算出来的结果，在旧规则和新规则下进行对比，分析和评价该模型的优劣。

16.3.2 病床安排模型

在医院排队等待服务中，由于顾客的等待时刻和服务时间都是随机的，可以用随机服务模型来描述该问题。排队论可用于研究随机服务，因此该问题是随机服务过程和优化问题的结合。

该医院的病床安排方案的设计思路为，根据每天统计所得的预计出院人数，判断该天内可提供空病床的数量，结合正在排队的人数，确定安排方案。若该天内可提供空病床的数量大于或者等于正在排队的数量，则不需要应用病床安排模型，直接将所有的患者全部安排住院；否则，需要从医院和患者这两个方面综合衡量，选取适当的患者安排住院。实际上病床安排模型主要是考虑选取哪些患者住院，以最大限度地优化已经建立的指标体系。

1. 排队规则的建立

根据实际情况，排队规则中优先级的确定需要考虑病情类型和已等待时长这两个因素。第一，外伤最为紧急，应该最优先安排床位。第二，白内障患者的手术集中在周一和周三，且术前准备时间只需 1～2 天，所以白内障单眼适合在周一、周二、周六、周日住院，而白内障双眼适合在周六和周日入院。第三，青光眼和视网膜疾病在周一和周三不安排手术，且在住院后的 2～3 天内接受手术，所以这两类疾病在周二、周三、周四入院的优先级要比周一、周五、周六、周日的优先级高。第四，由其他研究文献得出结论，短作业优先的原则能够保证平均等待时间最短和队列最短，故同时需要考虑将手术后住院时间较短的患者优先安排住院。第五，随着优先级的不断变动，会存在个别患者等待时间过长的现象，从排队公平性的角度来讲，等待时间越长的患者应该优先。

综上所述，建立如下四条排队规则：

（1）急诊患者优先。

（2）考虑医院制度和医生安排的因素。周六和周日双眼白内障患者优先，周一、周二、周六和周日单眼白内障患者优先，青光眼和视网膜疾病患者在周二、周三、周四、周五、周日比在周一和周六的优先级高。

（3）手术后住院时间较短的患者优先，即短作业优先。

（4）等待超时的患者优先。

2. 时序优先级矩阵和优先级增强系数矩阵的建立

基于原来 FCFS 规则的服务模式，建立具有优先级的排队规则和服务模式。但是，对于不同类型的患者在不同的时间出现，具有不同的优先级，即每一种疾病的优先级随着时间动态变化。因此，选择能够反映所研究问题本质的一个最小周期，即一周七天为研究单位，建立在一周内五种类型疾病的时序优先级矩阵，即

$$A = \begin{pmatrix} a_{11} & \cdots & a_{17} \\ \vdots & & \vdots \\ a_{51} & \cdots & a_{57} \end{pmatrix}$$

式中：a_{ij} 为第 i 种疾病在周 j 的优先级。

在四条排队规则的第（2）条中，考虑医院制度和医生安排的因素，不同类型疾病在不同时间需要满足一定的约束条件，表示如下：

$$\begin{cases} a_{ij} > \max(a_{2j}, a_{3j}, a_{4j}, a_{5j}) \\ \min(a_{21}, a_{22}, a_{26}, a_{27}) > \max(a_{23}, a_{24}, a_{25}), a_{22} > a_{21}, a_{27} > a_{26} \\ \min(a_{36}, a_{37}) > \max(a_{31}, a_{32}, a_{33}, a_{34}, a_{35}), a_{37} > a_{36} \\ \min(a_{42}, a_{43}, a_{44}, a_{45}, a_{47}) > \max(a_{41}, a_{46}) \\ \min(a_{52}, a_{53}, a_{54}, a_{55}, a_{57}) > \max(a_{51}, a_{56}) \end{cases}$$

为形象表示，针对具体情况本文给出了各类患者基于病情的优先级表，如表 16.4 所示，其中数字递增表示优先级递增。

表 16.4　基于病情的优先级矩阵

类型	周一	周二	周三	周四	周五	周六	周日
外伤	1	1	1	1	1	1	1
白内障（单眼）	0.4	0.8	0.1	0.1	0.1	0.4	0.8
白内障（双眼）	0.1	0.1	0.1	0.1	0.1	0.6	0.8
青光眼	0.2	0.3	0.4	0.3	0.2	0.2	0.2
视网膜疾病	0.2	0.3	0.4	0.3	0.2	0.2	0.2

当排队的患者等待时间较长或其住院时间较短时，该患者的优先级应该适当地提高，本文引入操作系统中的高响应比优先调度算法来表示该项优先级强度。

高响应比优先调度算法是一种对中央处理器（central processing unit，CPU）响应比进行分配的一种算法。高响应比优先调度算法是介于 FCFS 规则与短作业优先算法之间的折中算法，既考虑作业等待时间又考虑作业运行时间，既照顾短作业又不使长作业等待时间过长，改进了调度性能。在操作系统中，高响应比优先调度算法的基本思想是把 CPU 分配给就绪队列中响应比最高的进程。本文将操作系统中的调度算法应用到眼科医院病房的排队过程中，基本思想是将短作业优先算法和动态优先权机制结合，考虑了患者住院的治疗时间（即系统服务时间），也考虑了患者排队等待时间。优先级加强系数可以表示为

$$高响应比优先级 = \frac{患者等待时间 + 患者治疗时间}{患者治疗时间}$$

数学表达为

$$P_k = \frac{W_k + S_k}{S_k}$$

式中：P_k 为第 k 个患者的高响应比优先级；S_k 为第 k 个患者的治疗时间（即出院时间–入院时间）；W_k 为第 k 个患者的等待时间（入院时间–门诊时间）。基于顾客特征的"顾客满意度"规则，本节假定患者的满意度是其等待时间的指数函数：

$$C_k = \mathrm{e}^{-\beta t}$$

式中：C_k 为患者满意度；β 为患者对周转时间的敏感程度；t 为患者等待时间。不同特征类型患者对周转时间的敏感程度不同，其满意度也会随着时间的变化而发生不同的变化。本文为简化计算，将所有患者的敏感程度定为 1。首先对高响应比优先级 P_k 和患者满意度 C_k 进行离差标准化，离差标准化公式为

$$n' = \frac{n - \min}{\max - \min}$$

式中：n 为一组数据中的任意一个值；n' 为对 n 进行离差标准化后的值；min 为该组数据当中的最小值；max 为该组数据中的最大值。

最终，基于患者满意度的高响应比优先动态权可以表示为

$$\mathrm{RP}_k = P_k' - C_k'$$

式中：P_k' 为第 k 个患者的高响应比优先级经过离差标准化后的值；C_k' 为患者满意度经过离差标准化后的值。

因此每位患者最终的优先权由两部分组成，其一是基于医院手术时间安排的优先级 a_{ij}，其二是基于患者满意度的高响应比动态优先权 RP_k，将其对应项相乘，可以得到患者最终的优先权。

3. 算法及其实现

在前述的优先度计算准则下，利用 MATLAB 数学软件编写程序，实现搜索选择算法。

步骤 1：新增患者和患者出院，更新队列状态、病床状态和患者的动态优先级。

步骤 2：若有空床位且有患者排队，则转到步骤 3，否则天数加 1，转到步骤 1。

步骤 3：安排急诊患者入院。

步骤 4：计算除急诊外的其他患者的综合优先度。

步骤 5：根据优先度安排除急诊外的其他患者入院，并将入院患者移出等待队列，将接纳患者的病床置满，天数自增 1 并跳转到步骤 1。

16.4　模型的求解

如图 16.3 所示，分别表示了两种安排规则下，某一研究时间段内各床位的病床使用情况。在原 FCFS 规则下，图中空白处较多，表示病床使用率不佳。在新安排的规则下，病床的使用率达到 100%。

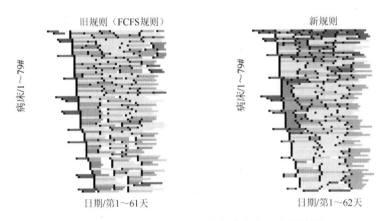

图 16.3　旧规则和新规则下的各类患者入住甘特图

通过计算得到在新、旧规则的病床安排方案下该医院各类眼科病的相关评价指标值，如表 16.5 所示。

表 16.5　旧规划方案的评价指标值

规则	病床使用率	病床周转次数	应急能力	平均等待入院时间/天	公平度
旧规则（FCFS 规则）	0.918	0.0874	1	10.7106	1
新规则	0.9885	0.0964	1	10.1748	0.8597

基于层次分析法，本文构建因素层成对的比较矩阵，如表 16.6 所示。

表 16.6　因素层成对的比较矩阵

	病床使用率	病床周转次数	应急能力	平均等待入院时间/天	公平度
病床使用率	1	1/3	1	1/3	1/9
病床周转次数	3	1	1	1	1/9
应急能力	1	1	1	2	1/7
平均等待入院时间/天	3	1	1/2	1	1/3
公平度	9	9	7	3	1

矩阵的一致性检验的结果为 CR=0.0912, CR<0.1，故以上判断矩阵通过了一致性检验。结合两个方案的评价指标值构建方案层的 5 个比较矩阵，最终得到新、旧规则的综合得分，如表 16.7 所示。

表 16.7　旧规则和新规则的评价得分

规则	得分
旧规则	0.4827
新规则	0.5173

在原来和现在的病床安排方案下，使用 MATLAB 仿真计算得出 70 天内等待入住的患者排队长度的对比图，如图 16.4、图 16.5 所示。

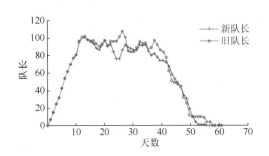

图 16.4　新、旧规则下 70 天内等待队长对比

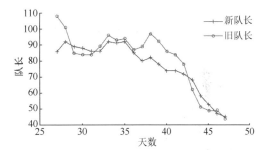

图 16.5　新、旧规则下 27~47 天内等待队长对比

如图 16.4 和图 16.5 所示，前 15 天内，新、旧规则下的排队队长没有较大差异。20 天后，可见在新规则下排队队长更短，说明新规则能够较好地缓解该眼科医院的排队压力。综合层次分析法的评价得分值可知，在病床的安排方案上新规则要比旧规则更优。

16.5　总　　结

研究排队问题，就是要把排队的时间控制到一定的程度内，在服务质量的提高和成本的降低之间取得平衡，找到最适当的解。在数学建模竞赛题中，单独考察排队论的题目较少，一般都是将其与优化问题相结合。排队系统常见的优化问题在于：

（1）确定最优服务率；

（2）确定最佳服务平台数量；

（3）选择最为合适的服务规则；

（4）确定上述几个量的最优组合。

在使用排队论时，要注意该问题是属于排队论的哪个模型，选择合适的模型解决问题，并且应该注意顾客到达和服务时间的分布检验。

第4部分　智能优化算法

　　为了使系统达到最优的目标所提出的各种求解方法称为最优化方法。最优化在运筹学和管理科学中起着核心作用。最优化通常是极大或极小某个多变量的函数并满足一些等式或不等式约束。最优化问题可以分为：①求解一个函数中，使得函数值最小的自变量取值的函数优化问题；②在一个解空间里面，寻找最优解，使目标函数值最小的组合优化问题。典型的组合优化问题有旅行商问题（traveling salesman problem，TSP）、加工调度问题、0-1背包问题及装箱问题等。最优化技术对社会的影响日益增加，应用的种类和数量快速增加，丝毫没有减缓的趋势。近几年来，随着计算机的发展，一些过去无法解决的复杂优化问题已经能够通过计算机来求得近似解，所以计算机求解优化问题的方法研究也就显得越来越重要了。

　　对于简单的函数优化问题，经典算法比较有效，且能获得函数的精确最优解。但是对于具有非线性、多极值等特点的复杂函数及组合优化问题而言，经典算法往往无能为力。基于系统动态演化的算法及基于此类算法而构成的混合型算法又可称为智能优化算法。

　　近年来，随着优化理论的发展，一些新的智能算法得到了迅速发展和广泛应用，成为解决传统优化问题的新方法，经典智能优化算法主要包括如下几种。

　　（1）遗传算法：模仿自然界生物进化机制。

　　（2）差分进化算法：通过群体个体间的合作与竞争来优化搜索。

　　（3）免疫算法：模拟生物免疫系统学习和认知功能。

　　（4）蚁群算法：模拟蚂蚁集体寻径行为。

　　（5）粒子群算法：模拟鸟群和鱼群群体行为。

　　（6）模拟退火算法：源于固体物质退火过程。

　　（7）禁忌搜索算法：模拟人类智力记忆过程。

　　（8）神经网络算法：模拟动物神经网络行为特征。

　　（9）回溯法：又称为试探法，按优先条件向前搜索，以达到目标。但当探索到某一步，发现原先选择并不优或达不到目标时，就退回一步重新选择。

　智能优化算法大体可以分为五类：

（1）进化类算法；

（2）群智能算法；

（3）模拟退火算法；

（4）禁忌搜索算法；

（5）神经网络算法。

本部分主要介绍遗传算法、粒子群算法及回溯法的应用实例。

17 粒子群算法在非线性问题中的应用

在非线性问题中，粒子群算法具有优良的搜索最优解的能力。本文以系泊系统的设计为例，通过集中质量法对各个传输结点进行受力分析，建立系统稳定时的状态方程组，然后利用粒子群算法搜索浮标的最优吃水深度，将最优解代入方程组中，进而确定整个系泊系统的最优稳定姿态。

17.1 引　　言

在实际的非线性问题中，人们可通过穷举法列出满足条件的所有可行解进行寻优，但问题的规模越大，循环的阶数越大，对应的执行速度越慢，穷举法显然不再适用。相比之下，粒子群算法初始化随机的可行解，通过后期不断地学习向最优解靠拢，无论是在收敛速度上还是在搜索精度上都更胜一筹，在非线性空间寻找最优解等问题中具有显著的优势。

目前，该算法已广泛应用于多目标优化、自动目标检测、生物信号识别、决策调度、系统辨识和机器人控制等领域，本文基于粒子群算法对 2016 年全国大学生数学建模竞赛 A 题系泊系统的设计展开研究。

17.2 经典粒子群优化算法原理

假设 m 只鸟在一个特定区域（D 维空间）内觅食，期望找到食物最丰富的区域。通过信息共享，鸟群里每只鸟都能知道其他鸟所在区域内的食物丰富程度，并以一定的速度向食物最丰富的区域飞行。在此过程中，鸟群会重新记录经过不同区域的食物丰富度，更新食物最丰富的位置，并对应调整鸟群中各只鸟的移动方向和速度，直至发现最优位置不变或迭代次数超过规定次数为止。粒子群算法中，每只鸟为一个粒子，搜索的过程如下。

17.2.1 初始化粒子位置、速度

随机设定粒子 i 的初始位置 $x_i = (x_{i1}, x_{i2}, \cdots, x_{iD})$，初始速度 $v_i = (v_{i1}, v_{i2}, \cdots, v_{iD})$。设定集合 $\mathrm{pbest}_i = (p_{i1}, p_{i2}, \cdots, p_{iD})$，记录粒子 i 经历过的最好位置，即单个粒子最优解；设定集合 $\mathrm{gbest} = (g_1, g_2, \cdots, g_D)$，记录所有粒子经历过的最好位置，即全体粒子最优解，gbest 对应于 pbest_i 中的最优值 $(i = 1, 2, \cdots, m)$。

17.2.2　迭代更新策略选择

若粒子 i 在第 k 次迭代时的速度为 v_{id}^k，位置为 x_{id}^k，且当前该粒子的最优解为 pbest_{id}^k，粒子群的最优解为 gbest_d^k，则该粒子速度、位置的更新公式表示为

$$v_{id}^{k+1} = w \cdot v_{id}^k + c_1 r_1(\text{pbest}_{id}^k - x_{id}^k) + c_2 r_2(\text{gbest}_d^k - x_{id}^k) \tag{17.1}$$

$$x_{id}^{k+1} = x_{id}^k + v_{id}^{k+1} \tag{17.2}$$

式中：v_{id}^{k+1}、x_{id}^{k+1} 分别为粒子 i 在第 $k+1$ 次迭代时的速度和位置。

对应更新公式，w 为惯性权重，表示前一时刻粒子的状态对当前时刻的影响程度；c_1、c_2 为学习因子，分别调节粒子向个体最优位置和全局最优位置靠近；r_1、r_2 为扰动系数，通常在[0,1]随机取值，以体现搜索的随机性，增大各粒子的搜索空间。

17.2.3　更新个体、全局最优位置

第 $k+1$ 次迭代后，粒子 i 的位置更新为 $x_i^{k+1} = (x_{i1}, x_{i2}, \cdots, x_{iD})$，适应度值（即目标函数值）更新为 SP_{k+1}。第 k 次迭代后，单个粒子最优值 $\text{pbest}_i^k = (p_{i1}, p_{i2}, \cdots, p_{iD})$，对应的适应度值为 SP_k。若 $\text{SP}_{k+1} < \text{SP}_k$，则 $\text{pbest}_i^{k+1} = x_i^{k+1}$；否则，$\text{pbest}_i^{k+1} = \text{pbest}_i^k$。相似地，从 pbest_i^{k+1} 中选出适应度最大的粒子，将其更新为对应的 gbest_i^{k+1}。

17.2.4　停止准则设定

当出现迭代次数达到规定次数、连续规定次数内全局最优位置没有更新、连续规定次数内全局最优位置的改善量小于规定界限时，搜索应当停止。

经典粒子群算法的流程见图 17.1。

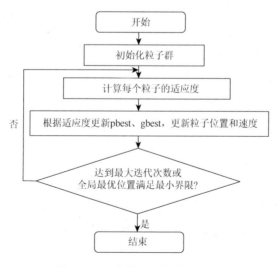

图 17.1　经典粒子群算法流程图

17.3 系泊系统最优姿态的确定

17.3.1 数据来源与模型假设

数据来源于 2016 年全国大学生数学建模竞赛 A 题。为合理解决问题，提出以下假设：①假设浮标倾角为 0°；②假设锚链的密度为 7.8 g/cm³；③假设 $g = 9.8$ m/s²。

17.3.2 研究思路

在海水静止情况下选用 II 型锚链对该系统传输结点进行分析，假设浮标吃水深度已知，利用集中质量法将钢管、钢桶及每节链环等效为质点，通过对各个质点进行受力分析，得到系泊系统姿态的迭代方程，进而确定钢桶及各节钢管的倾斜角度和锚链的形状。为确定最优的吃水深度，本文将某一吃水深度下整个系统的水下高度与 18 m 的差值作为适应度函数，利用粒子群算法在可行解空间内全局搜索，从而快速、准确地得到最优的吃水深度，使得适应度函数值最小。

计算机仿真的方法是让吃水深度在一定的范围内以一定的步长变化。然而，合适的范围及步长均未知，需要人为不断地尝试寻找，降低了求解的效率和准确性，本文不采用。

17.3.3 模型的建立

1. 浮标结点的受力分析

浮标在重力、浮力、风力、钢管的拉力作用下保持平衡的状态，受力分析见图 17.2。

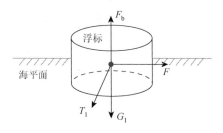

图 17.2 浮标受力分析示意图

其中，G_1 表示浮标自身的重力，F 表示浮标所受的风力，F_b 表示浮标所受的浮力，T_1 表示浮标受到第一节钢管的拉力。

浮标自身的重力可表示为

$$G_1 = m_1 g \tag{17.3}$$

式中：m_1 为浮标的质量；g 为重力常数（g 取 9.8 m/s^2）。

近海风荷载可近似表示为

$$F = 0.625 \times S \times v^2 \tag{17.4}$$

式中：S 为浮标在风向法平面的投影面积；v 为风速的大小。

由吃水深度可知浮标排开海水的体积为 V，进而求得浮标所受海水的浮力 F_b 为

$$\begin{cases} V = h \times \pi R^2 \\ F_b = \rho g V \end{cases} \tag{17.5}$$

式中：ρ 为海水密度；h 为浮标吃水的深度；R 为浮标底面半径。

根据力的合成与分解，浮标所受钢管拉力的大小及方向可以表示为

$$\begin{cases} T_1 = \sqrt{(F_b - G_1)^2 + F^2} \\ \theta_1 = \arctan\left(\dfrac{F_b - G_1}{F}\right) \end{cases} \tag{17.6}$$

式中：θ_1 为浮标与第一根钢管的水平方向夹角。

2. 重物球结点的受力分析

等效结点在重物球、钢桶和第一节锚链的拉力作用下平衡，受力分析见图 17.3。

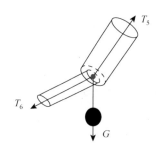

图 17.3　重物球结点受力分析示意图

图中，T_6 为锚链对结点的拉力，T_5 为钢桶对结点的拉力，G 为重物球对结点的拉力。其中，重物球对结点的拉力可表示为

$$G = mg - \rho g V_g \tag{17.7}$$

式中：m 为重物球的质量；ρ 为海水的密度；V_g 为重物球排开海水的体积。由于重物球的体积未知，无法得知 G 的准确值，近似地将重物球的重力等效为重物球对结点的拉力。

3. 水下质点的受力分析

本文将钢管、钢桶、锚链均等效成质点，由于钢管长度无法忽略，可以认为各质点间

由直线连接；由于链环长度较短，可以认为各质点间由轻弹簧连接。除上述两种质点外，其余等效质点的受力情况相同，受力分析见图 17.4。

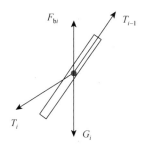

图 17.4　水下质点的受力分析示意图

图中，G_i 为第 i 个质点本身的重力，F_{bi} 为第 i 个质点所受浮力，T_{i-1} 为上一个质点对该质点的拉力，T_i 为下一个质点对该质点的拉力。

第 i 个质点所受的重力可表示为

$$G_i = m_i g \tag{17.8}$$

式中：m_i 为第 i 个质点自身的质量；g 为重力常数。

第 i 个质点所受的浮力可表示为

$$F_{bi} = \rho g V_i \tag{17.9}$$

式中：ρ 为海水的密度；g 为重力常数；V_i 为第 i 个质点处排开海水的体积。

综上，各质点所受拉力的大小及方向可表示为式（17.10），其中 $i = 1, 2, \cdots, 217$。

$$\begin{cases} T_i = \sqrt{(F_{bi} - G_i + T_{i-1} \cdot \sin\theta_{i-1})^2 + (T_{i-1} \cdot \cos\theta_{i-1})^2} \\ \theta_i = \arctan \dfrac{F_{bi} - G_i + T_{i-1} \cdot \sin\theta_{i-1}}{T_{i-1} \cdot \cos\theta_{i-1}} \end{cases} \tag{17.10}$$

式中：θ_i 为各个质点与水平方向的夹角。

4. 水下系统深度的确定

假设已知浮标的吃水深度，根据受力模型可得整个系泊系统在水下的高度为

$$H_j = \sum_{i=1}^{217} L_i \sin\theta_{i-1} + h \tag{17.11}$$

式中：H_j 为不同吃水深度时整个系统在水下的高度；L_i 为各结点的实际长度；θ_{i-1} 为各个结点与水平方向的夹角；h 为浮标的吃水深度。

$$p_j = \left| H_j - 18 \right| \tag{17.12}$$

式中：p_j 为某一吃水深度下整个系统的水下高度与 18 m 的差值。当 p_j 最小时，对应的 h 为最优吃水深度。

17.3.4 结果分析

1. 算法设计

步骤 1：初始化社会学习因子、个体学习因子、惯性权重参数。设定位置界限和速度界限，位置界限 $x \in [0,2]$，速度界限 $v \in [-1,1]$，具体初始化参数见表 17.1。

表 17.1 初始化参数

参数名称	值
个体学习因子	1
社会学习因子	2
惯性权重	0.3
最大迭代次数	30
种群个体数目	50

注：该表中参数为本文求解时所设置的参数。

步骤 2：随机化各粒子的初始位置，随机化各粒子的初始速度。依次确定每个粒子的适应度，确定单个粒子的历史最优解和种群历史最优解。确定粒子的适应度步骤如下。

（1）将粒子的值（吃水深度）代入式（17.10）计算拉力 T_i，即倾角 θ_i；

（2）利用式（17.10）迭代计算各结点所受拉力的大小及方向；

（3）将 θ_i 代入式（17.11）计算出 H_j；

（4）计算式（17.12）所对应的值，作为粒子的适应度输出。

步骤 3：更新每个粒子的位置，确定每个粒子当前适应度，通过式（17.1）、式（17.2）更新每个粒子的历史最优解和种群历史最优解，更新位置及速度公式为

$$v_{id}^{k+1} = w \cdot v_{id}^k + c_1 r_1 (\text{pbest}_{id}^k - x_{id}^k) + c_2 r_2 (\text{gbest}_d^k - x_{id}^k)$$

$$x_{id}^{k+1} = x_{id}^k + v_{id}^{k+1}$$

步骤 4：转至步骤 3 直到到达最大迭代次数或结果小于设定阈值，进入步骤 5。

步骤 5：输出历史最优解，算法结束。

2. 结果展示

当海面风速为 12 m/s 时，根据浮标的最优吃水深度可得浮标和水下每个结点所受拉力的大小及方向，浮标的吃水深度、钢桶和各节钢管的倾斜角度与游动区域的具体数据见表 17.2。

表 17.2　风速为 12 m/s 时系泊系统结果

浮标吃水深度/m	0.683
钢管 1 倾角/(°)	1.1399
钢管 2 倾角/(°)	1.1476
钢管 3 倾角/(°)	1.1554
钢管 4 倾角/(°)	1.1633
钢桶倾角/(°)	1.1914
锚链末端与海床夹角/(°)	0

由表 17.2 可得，钢桶倾角为 1.1 914°，小于 5°，锚链末端与海床之间无夹角，符合题目要求。整个系泊系统的水下姿态可绘制成图 17.5。

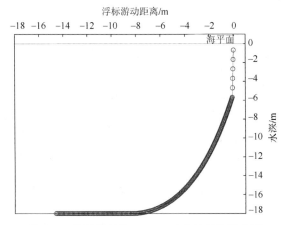

图 17.5　海面风速为 12 m/s 时系泊系统姿态图

图 17.5 中，第 1 个结点表示浮标结点，前 4 条线段依次表示 4 根钢管，第 5 条线段表示钢桶，链状的曲线表示锚链。从图中可看出，当海面风速为 12 m/s 时锚链末端与海床的夹角为 0°。

为检验粒子群算法的求解速率，本文对求解步骤进行动态图绘制，见图 17.6。

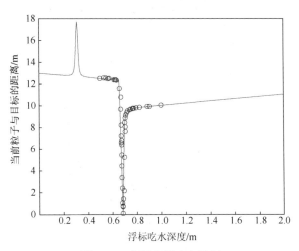

图 17.6　求解步骤动态绘制

图中，纵坐标表示当前粒子与目标的距离。当距离为 0 时，粒子到达最优解。在迭代到第三次的时候，已经有粒子找到了全局最优解，这证明了粒子群算法在非线性空间的求解中具有较高的效率。

17.3.5　灵敏度检验

为检验粒子群算法求解的可信性与稳定性，本文对求解得到的浮标吃水深度（浮标浮力）进行灵敏度分析，吃水深度改变 0.0005 m，即浮标浮力改变 ±15 N 时，得到对应的预测水深，再和水深真实值 18 m 比较，对稳定性进行分析。

从表 17.3 可以看出当浮标浮力改变 ±15 N 时，风速为 12 m/s 时预测的水深误差不超过 0.2%，说明粒子群求解结果具有很强的稳定性，真实可靠。

表 17.3　风速为 12 m/s 时改变浮标吃水深度灵敏度分析

类型	浮标吃水深度/m				
	0.6820	0.6825	0.6830	0.6835	0.6840
浮标浮力/N	21 963	21 978	21 993	22 008	22 023
预测水深/m	17.4862	17.7439	18.0021	18.2602	18.5190

17.4　总结与讨论

传统的粒子群算法在求解多峰值的优化问题时收敛速度快，但也正因如此它在计算过程中容易陷入局部最优，导致群体早熟。针对这一问题，不少研究学者正在改进算法，试图提出更加合理的核心更新公式及有效的均衡全局搜索和局部改进的策略。戎汉中（2017）引入混沌搜索方法中的混沌初始化和混沌扰乱，进一步完善个体质量；张进锋等（2019）采用变异操作产生优异粒子，增强全局搜索能力。改进后的粒子群算法更具实用价值。

18 模拟退火算法及其应用

北京奥运会期间，在比赛主场馆的周边地区需建设由小型商亭构建的临时商业网点，针对这一问题，以受益要求、位置合理要求、个数保证条件、商圈规定条件为约束条件，以商区内各迷你超市（mini supermarket，MS）圆心距最大为目标函数建立商区布局规划的数学模型，将 A1 商区作为规划对象，利用模拟退火算法和遗传算法分别进行求解，最终得到商区内各 MS 的圆心坐标。

18.1 引　　言

2008 年北京奥运会期间，在比赛主场馆的周边地区需要建设由小型商亭构建的临时商业网点，以满足人们在奥运会期间的购物需求，在比赛主场馆周边地区设置的这种商业网点，在地点、大小类型和总量满足奥运会期间的购物需求、分布基本均衡和商业上盈利三个基本要求的情况下需要对商区进行规划，本文通过建立商区布局规划的数学模型，并通过模拟退火算法和遗传算法进行求解，给出了合理的规划方案。

18.2 问题的提出

2008 年北京奥运会的建设工作已经进入全面设计和实施阶段。奥运会期间，在比赛主场馆的周边地区需要建设由小型商亭构建的临时商业网点，称为 MS 网，以满足观众、游客、工作人员等在奥运会期间的购物需求，主要经营食品、奥运纪念品、旅游用品、文体用品和小日用品等。在比赛主场馆周边地区设置的这种 MS，在地点、大小类型和总量方面有三个基本要求：满足奥运会期间的购物需求、分布基本均衡和商业上盈利。

图 18.1 给出了比赛主场馆的规划图。作为真实地图的简化，在图 18.2 中仅保留了与本问题有关的地区及相关部分：道路（白色为人行道）、公交车站、地铁站、出租车站、私家车停车场、餐饮部门等，其中标有 A1～A10、B1～B6、C1～C4 的区域是规定的设计 MS 网点的 20 个商区。

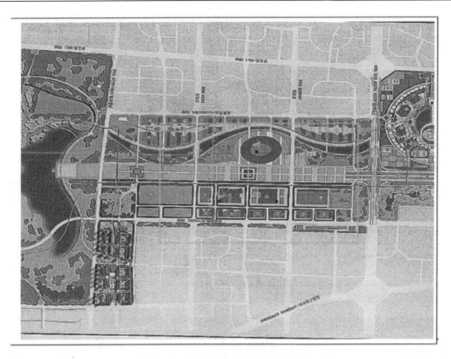

图 18.1　比赛主场馆周边俯视图

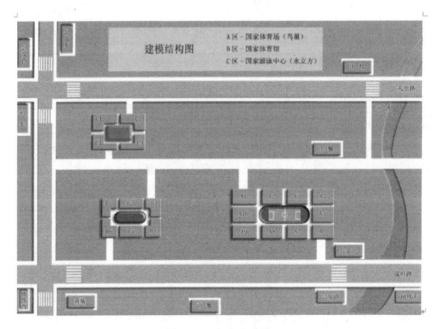

图 18.2　人流分布图

　　为了得到人流量的规律,一个可供选择的方法是在已经建设好的某运动场(图18.3),通过对预演的运动会的问卷调查,了解观众(购物主体)的出行和用餐的需求方式与购物欲望。假设在某运动场举办了三次运动会,并通过对观众的问卷调查采集了相关数据。

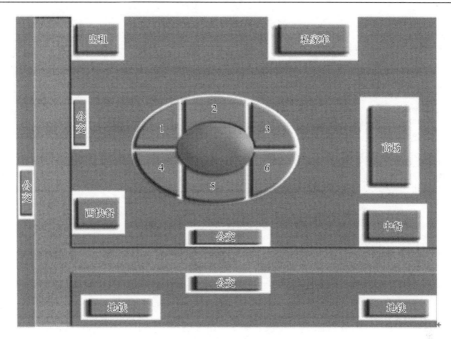

图 18.3 设置的运动场图

请按以下步骤对图 18.2 的 20 个商区设计 MS 网点：

（1）根据问卷调查数据，找出观众在出行、用餐和购物等方面所反映的规律。

（2）假定奥运会期间（指某一天）每位观众平均出行两次，一次为进出场馆，一次为餐饮，并且出行均采取最短路径。依据（1）的结果，测算图 18.2 中 20 个商区的人流量分布（用百分比表示）。

（3）如果有两种规模的 MS 类型供选择，给出图 18.2 中 20 个商区内 MS 网点的设计方案（即每个商区内不同类型 MS 的个数），以满足上述三个基本要求。

（4）阐明你的方法的科学性，并说明你的结果是贴近实际的。

18.3 设 置 模 型

18.3.1 问题分析

为简化模型，对问题提出如下基本假设。

（1）各场馆相互独立；

（2）MS 分布均衡是指各商区的 MS 的数量相等或近似相等；

（3）各商区内设有两种规模的 MS，并且相同规模的 MS 造价相同；

（4）各商区的 MS 的利润率均相等；

（5）人们的消费欲望和当前 MS 的利润率有关；

（6）商圈的人流密度与人们消费档次的密度呈正态分布。

　　在满足最短路原则的条件下，根据调查得到观众出行规律，按比例计算不同规模体育馆周围各点的人流量分布，确定经过各商区的观众人次及其平均消费档次，并建立以 x_i、y_i 为规划变量的目标规划模型；最后分析模型求解的结果与实际情况的差别，如发现不妥，则进一步改进模型，使其现实意义更大。

　　分析问题发现，确定每个商区内不同规模的 MS 的个数是研究的重点（后续将其当作了主要变量来处理），而 MS 的设置应该满足以上三个基本条件。

　　该问题可以用目标规划方法建立问题求解的数学模型。进一步分析可知，建立规划模型需要知道 20 个商区的人流量分布，而人流量分布又可根据问卷调查反映的观众在出行、用餐和购物等方面的规律得到，于是就找到了解决问题的思路。

18.3.2　商区布局规划模型建立

　　首先以大、小两种商区的 MS 数量构成的集合为商区设置集合 $A=\left\{(x_i,y_i)\big|i=1,2,\cdots,20\right\}$。

　　1. 收益要求

　　各商区首先应该满足奥运会期间的购物需求，在为观众提供方便的购物环境的条件下增加商区的收益。用下式描述购物需求关系：

$$N_i \leqslant x_i \cdot a + y_i \cdot b \leqslant t \cdot N_i \quad (i=1,2,\cdots)$$

式中：x_i 为小 MS 的个数，a 为相应容量；y_i 为大 MS 的个数；b 为相应容量；t 为限制因子。该式的意义是各商区的大、小 MS 所能接纳的标准顾客总和应大于等于该商区的总顾客数，同时也不能太大，以免浪费资源，对商区造成负面影响，故用限制因子 t。t 值依据经验确定，一般为 $t=2$。

　　2. 位置合理要求

　　这里的分布均衡指各商区的 MS 的个数近似相等，也就是要求 20 个商区的 MS 个数的方差尽可能小，其数学表达式为

$$\sum_{i=1}^{20}\left[x_i+y_i-\frac{\sum_{i=1}^{20}(x_i+y_i)}{20}\right]^2 \leqslant I^*$$

其中，I^* 用来限制方差上限，I^* 越大，表明对 MS 分布均匀程度的限制越宽松，反之则要求 MS 分布的均匀程度越高。

　　3. 个数保证条件

　　大、小 MS 的商区数量为正数：

$$x_i \geqslant 0, \qquad y_i \geqslant 0$$

4. 商圈规定条件

若小 MS 的标准容量为 a，大 MS 的标准容量为 b，则大、小商圈的半径之比为 $\dfrac{D_x}{D_y}=\sqrt{\dfrac{b}{a}}$，大 MS 的商圈半径为

$$D_y = D_{xy}\left(1-\frac{1}{1+\sqrt{\dfrac{b}{a}}}\right)=\frac{D_{xy}\sqrt{\dfrac{b}{a}}}{1+\sqrt{\dfrac{b}{a}}}$$

式中：D_{xy} 为 D_x 与 D_y 之和。

根据商圈的商品性质和大小对商圈进行如下分类。

用 u 表示经营商品种类齐全的全能 MS，且假设全能 MS 一般为大 MS，v 表示具有互补性的两个及以上的不竞争互补 MS，用 w 表示商品种类类似或基本相同的具有竞争性的互斥 MS，且大 MS 和小 MS 之间为互斥 MS。小 MS 之间的关系极可能为互斥，也可能为互补。

已知 U_i、V_i、W_i $(i=1,2,\cdots)$ 分别表示一个商区内全能、互补、互斥 MS 的商圈半径，$d(A,B)$ 表示 A、B 两个 MS 的圆心距，则商圈合理布置的充分必要条件为

$$\begin{cases}2U_i \leqslant d(U_i,U_j)\\2V_i \leqslant d(V_i,V_j)\\2W_i \leqslant d(W_i,W_j)\\U_i+V_i \leqslant d(U_i,V_i)\\U_i+W_i \leqslant d(U_i,W_i)\\V_i+W_i \leqslant d(V_i,W_i)\end{cases}$$

因为大商圈的商圈规划很大程度上体现了整个商圈的规划水平，所以忽略小商圈的存在，假设商区内部都是大商圈，设各大商圈为 s_i，总商圈大小为 s，则有

$$\sum s_i = s$$

由重要不等式得

$$\sqrt[n]{\prod s_i} \leqslant \frac{\sum s_i}{n}$$

当且仅当 $s_1=s_2=s$ 时等式才成立，由于几何平均值可以表示各 MS 的综合效益，也就是说，当各大 MS 的商圈外围相等时，各大 MS 的综合效益最大，此时商区内任何两个大 MS 的圆心距相等。此时可以建立横纵数轴，转化为在坐标系下的几何问题进行求解。

问题转化为在长方形区域内，有 x_i 个半径为 r 的小圆，有 y_i 个半径为 R 的大圆，现将这些圆无重合地放在长方形区域内，使得大圆之间的圆心距近似相等且尽可能地大。

设长方形商区的长为 l，宽为 l'；以长方形的左下角为原点建立直角坐标系，记 MS 的圆心坐标为 (l_i,l_i')。下标为 x 的项表示小圆的圆心坐标，下标为 y 的项表示大圆的圆心坐标。

目标函数：

$$\max g = \max \sqrt{\prod_i\prod_j\left[(l_i-l_j)^2+(l_i'-l_j')^2\right]}\ (i\neq j)$$

约束条件：

$$\text{s.t.}\begin{cases} R \leqslant l_{yi} \leqslant l - R \\ R \leqslant l'_{yi} \leqslant l' - R \\ r \leqslant l_{xi} \leqslant l - r \\ r \leqslant l'_{yi} \leqslant l' - r \\ \sqrt{(l_{yi} - l_{yj})^2 + (l'_{yj} - l'_{yj})^2} \geqslant 2R \quad (i \neq j) \\ \sqrt{(l_{xi} - l_{yj})^2 + (l'_{xi} - l'_{yj})^2} \geqslant R + r \end{cases}$$

18.3.3　模型求解

遇到此类求最优解的问题就可以采用本文介绍的模拟退火算法，以 A1 编号，大 MS 为例。

1. 遗传算法求解

大商圈问题同样可以用遗传算法求解，当最大迭代数设为 10 000 时，可求得最优近似解，结果如图 18.4 所示。大 MS 坐标见表 18.1。

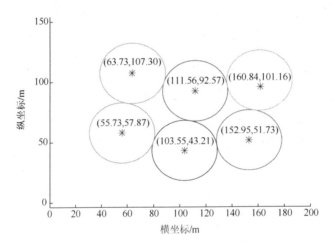

图 18.4　遗传算法最优解结果图（图中数据保留两位小数）

表 18.1　大 MS 坐标（一）

x/m	y/m
111.5583	92.56 897
152.9507	51.72 597
160.836	101.159
103.5506	43.21 093
55.73 357	57.87 498
63.72 847	107.297

2. 模拟退火算法求解

为了简化问题，首先考虑大 MS 的布局问题，之后根据小 MS 所经营的商品类型，在与大 MS 相切的外围进行安排，以满足适度的聚集放大效应。大 MS 坐标见表 18.2，结果如图 18.5 所示。

表 18.2 大 MS 坐标（二）

x/m	y/m
93.08 591	124.1577
161.3901	33.62 098
105.734	27.47 516
41.66 219	28.89 972
37.34 337	122.8513
169.7987	117.6123

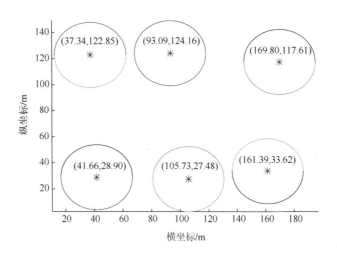

图 18.5 模拟退火算法最优解结果图（保留两位小数）

18.4 总 结

通过建立约束条件和目标函数，得出商区布局规划的数学模型，并通过模拟退火算法和遗传算法进行求解，得到商区规划方案。该模型在一定的假设情况下充分考虑到了各种约束条件，具有较好的推广性和准确性，同时利用模拟退火算法和遗传算法求解，收敛速度快，求解结果精确。

19 粒子群算法在旅行商问题中的应用

无人机侦察问题是一种典型的旅行商问题。本文将目标侦察群体按区域进行了分类，将多旅行商问题进行了简化，并结合粒子群算法的特点，提出了解决多旅行商问题的策略，对针对单架无人机建立的最短路模型进行求解。研究表明，与普通的多旅行商问题相比，该算法收敛速度较快，求解效果也较为理想。

19.1 引　　言

在科技高速发展的现在，无人驾驶飞行器具有隐蔽性好、灵活性强、无人员伤亡等多方面优点，在军事领域应用愈发广泛。为了更有效地实现无人机的职能，在无人机资源有限的前提下，如何根据无人机基地和所需侦察目标群的实际位置，合理地调度无人机资源，以确保较快完成任务，减少成本，成为各国在实际应用军事无人机时面临的一个课题。本文建立最短航线模型，寻找多无人机的最优侦察路径。

19.2 数据来源与模型假设

数据来源于天津工业大学 2018 年第一轮训练题。针对模型，可以做出如下假设：
（1）假设无人机无里程限制，可以满足最长路线规划需要。
（2）假设对巡察的总时间没有限制。
（3）假设基地与巡察目标在同一水平高度。

19.3 多无人机路线的确定

19.3.1 问题的重述

某作战部队配有 1 个无人机基地，基地中有 6 架无人机。该部队接收到紧急任务，需要对 3 个目标群中的所有目标进行军事侦察（基地和目标的具体坐标见表 19.1、表 19.2），无人机飞行速度为 64.8 km/h。为尽可能快速地完成侦察任务，请为该部队拟定最佳的无人机调度方案。请给出你的调度方案和无人机飞行路线。

表 19.1 无人机基地参数

无人机基地	横坐标/km	纵坐标/km	无人机数量
X01	183	165	6

表 19.2 目标群参数

目标编号	群编号	横坐标/km	纵坐标/km	雷达	目标编号	群编号	横坐标/km	纵坐标/km	雷达
A01	A	146	739	1	B10	B	308	774	0
A02	A	146	735	0	B11	B	328	769	0
A03	A	142	710	0	C01	C	526	815	1
A04	A	146	723	0	C02	C	494	826	0
A05	A	134	740	0	C03	C	532	814	0
A06	A	200	662	1	C04	C	533	808	0
A07	B	217	674	0	C05	C	547	819	0
A08	A	213	694	0	C06	C	592	817	0
A09	A	201	632	0	C07	C	577	816	0
A10	A	213	675	0	C08	C	599	812	0
A11	A	226	688	0	C09	C	834	813	1
B01	B	108	834	1	C10	C	811	820	0
B02	B	117	862	0	C11	C	823	806	0
B03	B	132	802	0	C12	C	800	818	0
B04	B	112	913	0	C13	C	875	750	0
B05	B	80	809	0	C14	C	849	845	0
B06	B	343	753	1	C15	C	872	828	0
B07	B	354	787	0	C16	C	834	783	0
B08	B	361	767	0	C17	C	832	777	0
B09	B	344	783	0					

任务要求：

（1）每架无人机从基地出发完成分配的侦察任务后都要返回原基地。

（2）每个目标不能重复侦察。

19.3.2 问题的分析

对于这个问题,题目中要求从同一个起点派出多架无人机,完成所有目标的侦察任务。由于起点中存在多架飞机,该题变成了多旅行商问题。多旅行商问题相对于旅行商问题复杂度更高,研究的是当每一起点有多个旅行商时,如何遍历所有城市且让每个城市只有一名旅行商去过一次,要求路线最短,如图 19.1 所示。

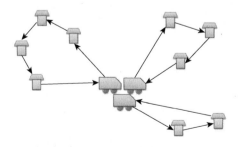

图 19.1 多旅行商问题示意图

　　观察题中数据，目标区域坐标有较为明显的分组趋势。为了简化求解难度，本文考虑先将目标按距离进行分组，再针对每组目标的具体最短侦察路径加以求解，汇总得到最优路线，将多旅行商问题转化为单个旅行商问题。建立以最短侦察时间为优化目标，以每个目标只能侦察一次且除起点与终点外不构成其他圈为约束条件的优化模型，并运用粒子群算法进行求解。

19.3.3　问题的求解

1. 划分区域

　　观察三个目标群的分布特点，可以将所有目标形成的整个侦察范围看作一个扇形区域，且基地位于扇形的顶点。题设为用 6 架无人机侦察所有目标点并求出总用时最短的侦察路径。为了使得无人机勘测效率最大化，即最晚回到起点的无人机总用时最短，鉴于目标分布相对均匀，本文考虑将扇形根据等角度划分为 6 个部分，将各区域内目标点分别分配给 6 架无人机，即将原侦察范围划分为 6 个圆心角为 15° 的扇形，每个扇形中的所有目标点由一架无人机负责，求出每架无人机从基地出发，经过所在扇形内的所有目标点，再返回基地的最短路径。最后取 6 架无人机中的最长用时为侦察任务完成的最短时间：

$$T = \frac{\max\{l_1, l_2, \cdots, l_6\}}{v}$$

式中：T 为任务完成最短时间；l_k 为第 k 架无人机侦察完分配目标点的最短侦察路程；v 为无人机飞行速度。运行程序，得到城市分布图，如图 19.2 所示。

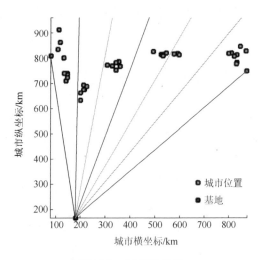

图 19.2　城市分布图

2. 最短路模型的建立

　　由题意可知，可以将在每个区域内的巡逻路径求解转化为旅行商问题，即求由一点出发，遍历所有目标并回到起点的最短路径。将各个目标点与起点设为赋权图 $G = (V, E)$，

$V = \{1, 2, \cdots, a\}$ 为顶点集，E 为边集。各个顶点间的距离为 C_{ji}，$i, j \in V$，且设

$$x_{ij} = \begin{cases} 1 & (\text{最优路径}) \\ 0 & (\text{其他情况}) \end{cases}$$

得到如下模型。

目标函数：

$$\min Z = \sum_{i=1}^{a} \sum_{j=1}^{a} C_{ji} x_{ij}$$

约束条件：

$$\text{s.t.} \begin{cases} \sum_{j=1}^{a} x_{ij} = 1 & (i \in V) \\ \sum_{i=1}^{a} x_{ij} = 1 & (j \in V) \\ \sum_{i \in S} \sum_{j \in S} x_{ij} \leqslant |S| - 1 \bigcup S \subset V & (2 \leqslant |S| \leqslant a) \\ x_{ij} \in \{0, 1\} \end{cases}$$

其中，目标函数为各起点至终点路线距离最小。约束条件一、二为各目标点仅路过一次，约束条件三为除起点与终点外，不构成其他圈。

3. 粒子群算法

1）生成初始种群

用粒子群算法解决本问题。本文采用实数编码方法，随机产生 a 个实数作为每个城市的编码，其中 a 为该区域目标点的个数。每个粒子表示历经的所有目标点的顺序。例如，当历经的目标点个数为 9，个体编码为[9 465 817 320]时，表示目标点从 9 出发，经过 4, 6, 5, …, 最终回到 9。

2）适应度计算

粒子适应度值表示路径长度，第 i 个粒子的适应度值计算公式为

$$\text{fitness}(i) = \sum_{i, j=1}^{n} \text{path}_{i, j}$$

3）全局最优位置序列

找到全局粒子的最佳位置的速度序，并更新更优的速度和位置。更新公式如下：

$$v[i] = w \times v[i] + c_1 \times \text{rand}() \times (\text{pbest}[i] - \text{present}[i]) + c_2 \times \text{rand}() \times (\text{gbest} - \text{present}[i])$$

$$\text{present}[i] = \text{present}[i] + v[i]$$

式中：$v[i]$ 为第 i 个粒子的速度；w 为惯性权值；c_1 和 c_2 为学习参数；$\text{pbest}[i]$ 为第 i 个粒子搜索到的最优值；gbest 为整个粒子群搜索到的最优值；$\text{present}[i]$ 为第 i 个粒子的当前位置。

4）为了得到更优的结果，本题加入了交叉操作

个体通过个体极值和群体极值交叉来更新，交叉方法采用整数交叉法。首先选择

两个交叉位置,然后把个体和个体极值或个体和群体极值进行交叉。交叉操作如图 19.3
所示。

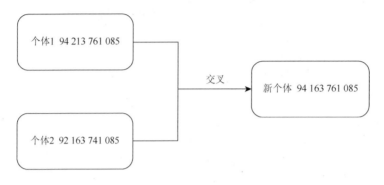

图 19.3　交叉操作示意图

19.3.4　结果分析

在 MATLAB 环境下运行上述算法,得到无人机行驶总距离为 7022.29 km,6 架无人
机行驶距离分别为 1528.83 km、1075.84 km、1327.72 km、1536.13 km、1553.78 km、
2026.27 km。第 6 架无人机飞行距离最大,共用时 31.27 h,则完成所有目标点侦察任务的
最短用时为 31.27 h。目标点规划路径如图 19.4 所示。

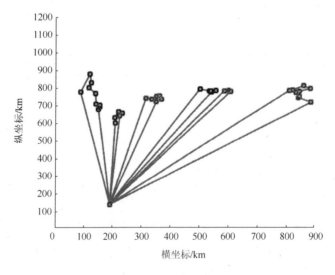

图 19.4　目标点规划路径图

从图 19.4 中可以看出,在粒子群算法的规划下,无人机在 6 个基地中的飞行路线较
为简洁,同时,6 架无人机的任务较为平均合理。因此,可以认为结果可行性较强。算法
训练过程如图 19.5 所示,可以看出,算法收敛速度较快,但容易陷入局部最优解。

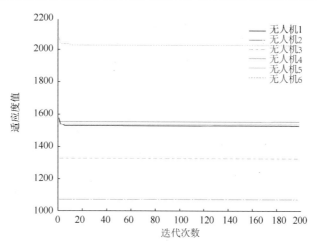

图 19.5　算法训练过程图

19.4　总　　结

随着无人机技术的发展，越来越多的无人机投入应用当中。无人机的路线规划尤为重要。本文使用粒子群算法对规划进行求解。粒子群算法是根据鸟群捕食行为，利用群体中的个体对信息的共享，让整个群体的运动在求解空间中产生从无序到有序的演化过程，从而获得问题的最优解。粒子群算法是新型进化算法的一种，从随机解出发，通过适应度评价解的品质，通过迭代寻找最优解。本文将粒子群算法运用到解决旅行商问题当中，得到了较好的结果。

20 基于回溯法解决圆排列问题

本文用选优搜索法的回溯法解决圆排列问题，主要介绍了回溯法的研究思路与方法，在背景为圆排列问题时，使用 MATLAB 编写算法，按选择最优解的条件向前搜索以达到目的。针对圆排列问题设计算法，最后给出不同的圆排列半径时的最小排列长度与最优排列方案。最后对回溯法的使用进行延伸，对 0-1 背包、n 皇后等问题也提出了相对应的解决思路。

20.1 引　　言

在组合优化问题中，圆排列问题是一种最典型的 NP-hard 问题。圆排列问题为，给定 n 个大小不等的圆 $c_1, c_2, \cdots, c_n$，现要将这 n 个圆排进一个矩形框中，要求各圆与矩形框的底边相切，并且要求在所有排列中找出具有最小长度的路线。圆排列问题是描述简单的组合优化问题，但却具有很强的实际应用背景，如包装问题、农业作业优化、应急物资配送等问题。因此，对圆排列问题的研究具有重要的理论和现实意义。

20.2 方法的理论阐述

20.2.1 研究思路

回溯法的逻辑思路可表示为一棵树，根结点是初始状态，每搜索到一个结点都有若干个可供选择的后继结点，没有任何达到目标的暗示，只有边搜索边判断，不符合条件就回溯到上一层结点，恢复原来刚使用过的参数，再走另一条路径，所以回溯法的本质是穷举与试探，找到从根结点到叶子结点中所有的正确结果。

回溯法在包含问题的所有解的解空间树中，按照深度优先搜索的策略，从根结点出发深度探索解空间树。因此，需要知道该算法的适用范围：问题的解用向量表示，$X = (x_1, x_2, \cdots, x_n)$；需要搜索一个或一组解；寻找满足约束条件的最优解等。

20.2.2 研究方法

利用回溯法解决问题的步骤：首先针对所给的问题，定义问题的解空间，它至少包含问题的一个最优解；然后确定易于搜索的解空间结构，使得能用回溯法方便地搜索整个解空间；最后以深度优先的方式搜索解空间，并且在搜索过程中用剪枝函数避免无效搜索。

由于暴力迭代的复杂度 $o(n!)$ 远大于回溯法的递归和非递归程序的时间复杂度，且回溯法可行性强，则用放弃暴力迭代的方法解决此问题，回溯法也叫作试探法，是一种选优搜索法，按选择最优解的条件向前搜索，以达到目的。但每当搜索到某一步时，发现其达不到预期的效果，就退回一步重新选择，这种行不通就退回再搜索的技术称为回溯法。

20.3 应用案例——圆排列问题

圆排列问题为给定 n 个大小不等的圆 $c_1, c_2, \cdots, c_n$，现要将这 n 个圆排进一个矩形框中，且要求各圆与矩形框的底边相切。圆排列问题要求从 n 个圆的所有排列中找出有最小长度的圆排列。例如，当 $n = 3$，且所给的 3 个圆的半径分别为 1、1、2 时，这 3 个圆的最小长度的圆排列如图 20.1 所示，其最小长度为 $2 + 4\sqrt{2}$。本文中，用 MATLAB 解决此问题。

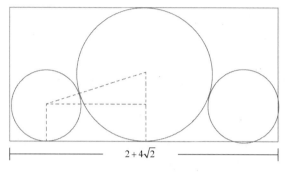

图 20.1　圆排列问题

20.3.1 解决思路

圆排列问题为将 n 个大小不等的圆排进一个矩形框中且需考虑各圆与矩形框的底边相切时最短排列长度。显然，所有的排列有 $n!$ 种，通常的遍历计算复杂度较高，不易计算。本文则采用回溯法解决该问题。

首先考虑排列情况，计算圆心坐标时要判断排列圆与已放置的任何一个圆相切时的距离，取较大值记录。

如图 20.2 所示，排列圆符合相切的条件，但是圆心的坐标需要通过计算排列圆与第一个圆圆心的位置得到，这样才为准确的。

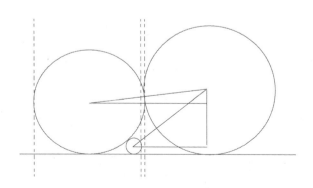

图 20.2　圆排列计算圆心坐标

　　然后，在排列的过程中，需要考虑对不同规格的圆进行比较，尽量让小圆靠近大圆，能够有效节省圆排列的长度。而当判断有相同圆时，则可省略执行两圆交换动作，防止每组圆排列中每个圆都要进行一次比较，节省 $o(1)$ 的时间。

　　如图 20.3 所示，小圆依次与大圆相切，可尽可能地减少最终排列总长度。对圆排列问题的解空间构造排列树，包含圆排列的所有情况。例如，开始时，设 $a = [r_1, r_2, \cdots, r_n]$ 是所给的 n 个圆的半径，则相应的排列树由 $a[1:n]$ 的所有排列构成。

图 20.3　排列情况的差异

　　由图 20.4 可知，3 个圆的排列有 ABC、ACB、BAC、BCA、CAB、CBA 这 6 种情况。使用回溯法遍历所有情况，在满足下界约束的情况下，遍历到叶结点时计算当前情况的圆排列长度，并更新当前最优值。排列树遍历结束时，就可以得到所有排列中的最小圆排列长度。

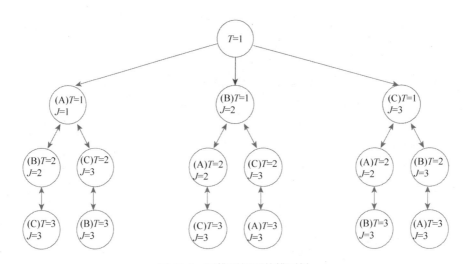

图 20.4　圆排列问题的排列树

20.3.2　难点突破

　　按照回溯法搜索排列树的算法框架，构造回溯法的剪枝函数为难点，需要对搜索的层数定义规则，减少冗余的计算，以便代码复杂度减小。

　　在该问题中，本文整体的思路主要为对当前圆排列的长度 length 与已记录的最优值进行比较，判断当前圆的排列长度 length 小于最小长度 minlength 时，则不用再进行后续的算法步骤，减少搜索次数。具体的某次排列方案中，回溯体现在，判断与 $t-1$ 圆相切的圆 t 所排列的距离是否比与 $t-2$ 圆相切的圆 t' 的距离还要小，即执行 if(centerx+r[t]+r[1]< minlen)语句，如果满足，则继续下一步的判断，否则，回溯到上一步。

centerx 为当前排列的圆的圆心横坐标；

r[t]为当前排列的圆的半径；

r[1]为第一个排列的圆的半径；

minlen 为当前排列的最小长度。

20.3.3　算法设计

步骤 1：定义数组 r 为输入所有圆的半径，length 为圆排列长度。

步骤 2：依次将圆排列，定义 center 为当前所排列的圆的圆心坐标，根据圆心连线所构成的直角三角形计算当前所排列的长度，并记录在数组 length 中。

步骤 3：由 Compute 计算当前圆排列的长度，并定义 minlength 为当前最小圆排列长度，数组 x 则记录当前已排列的各圆圆心横坐标。

步骤 4：构造排列树，$i = 0$ 为根结点，依次向下搜索至 $i = n$ 时的叶结点，得到新的排列方案，并计算长度 length。

步骤 5：当 $i > n$ 时，算法搜索至叶结点，得到新的圆排列方案。调用 Compute，计算当前圆排列的长度。

步骤 6：比较 length 与当前所记录的 minlength 值，取较小值进行更新，CirclePerm（n, a）返回找到的最小的圆排列长度。

步骤 7：当 $i < n$ 时，当前扩展结点位于排列树的 $i-1$ 层。此时算法选择下一个要排列的圆，并计算相应的下界函数。计算结束后返回相应于最优解的圆排列。

20.3.4　结果展示

经过计算，圆排列的解决结果如表 20.1 所示。本文以 3 个圆的排列情况为例，分别输入圆的半径，可求得各圆与矩形框的底边相切时的最小排列长度与最优排列方案。

表 20.1　结果展示

序号	圆的个数	圆的半径	最小排列长度	最优排列方案
1	3	1、1、2	7.65 685	1, 2, 1
2	3	1、3、3	12.9282	3, 1, 3
3	3	2、3、9	23.8776	3, 9, 2

20.4　回溯法的延伸

20.4.1　n 皇后问题

通过八皇后问题的研究，根据回溯法将其延伸到 n 皇后问题，回溯法在最坏情况下的花费是 $o(n^n)$，而且当 n 较大并且需要求问题的全体解集时，遍历整个状态空间树的系统的消耗往往是很大的，因此这个算法有必要做进一步的优化。

通过观察八皇后所有解的摆放情况，可以看到 n 皇后问题的一个解布局，如果将它进行有限次的顺时针旋转、逆时针旋转、水平翻转、垂直翻转及其复合，所得结果仍然是一个解布局，而如果可以利用此方式，将大大缩减运算成本。事实上，在求 n 皇后问题合理布局时，只需求出所有放置点 $x \leqslant (n+1)/2$ 的所有合理布局，再经过旋转或翻转即可得到所有的合理布局。

20.4.2　0-1 背包问题

问题：给定 n 种物品和 1 背包。物品 i 的重量是 w_i，其价值为 p_i，背包的容量为 C。问应如何选择装入背包的物品，使得装入背包中物品的总价值最大。

分析：问题是 n 个物品中选择部分物品，可知问题的解空间是子集树。例如，物品数目 $n=3$ 时，其解空间树如图 20.5 所示，边为 1 代表选择该物品，边为 0 代表不选择该物品。使用 $x[i]$ 表示物品 i 是否放入背包，$x[i]=0$ 表示不放，$x[i]=1$ 表示放入。回溯搜索过程，如果来到叶子结点，表示一条搜索路径结束，如果该路径上存在更优的解，则保存下来。如果不是叶子结点，是中点的结点（如 B），就遍历其子结点（D 和 E），如果子结点满足剪枝条件，就继续回溯搜索子结点。

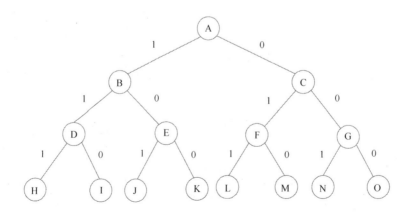

图 20.5　解空间树

20.5　总　　结

　　回溯法能够解决许多形态各异的问题，回溯法的框架也足够抽象，而不是限于具体问题的求解。但是当思路比较混乱时，面对问题往往不能马上有思路。建议可以尝试搬出回溯法框架进行分析和套用，难点常常为剪枝函数的编写，这需要定义好规则，使其满足约束条件，从而得到最优解。

第5部分　微分方程与模糊数学

在研究实际问题时，常常会联系到某些变量的变化率或导数，这样所得到变量之间的关系式就是微分方程模型。微分方程模型反映的是变量之间的间接关系，因此，要得到直接关系，就需要求解微分方程。求解微分方程有三种方法：①求精确解；②求数值解（近似解）；③定性理论方法。微分方程模型的建立方法主要有如下三种。

（1）根据规律列方程。

利用数学、力学、物理、化学等学科中的定理或经过实验检验的规律等来建立微分方程模型。

（2）微元分析法。

利用已知的定理与规律寻找微元之间的关系式，与方法（1）不同的是对微元而不是直接对函数及其导数应用规律。

（3）模拟近似法。

在生物、经济等学科的实际问题中，许多现象的规律性不是很清楚，即使有所了解也是极其复杂的，建模时在不同的假设下去模拟实际的现象，建立能近似反映问题的微分方程，然后从数学上求解或分析所建方程及其解的性质，再去与实际情况对比，检验此模型能否刻画、模拟某些实际现象。

微分方程建模是数学建模的重要方法，在科技工程、经济管理、生态环境、人口、交通等领域中有着广泛的应用。本部分通过三个案例详细地介绍微分方程建模的方法。

1965 年，美国著名计算机与控制专家 L. A. Zadeh 教授提出了模糊的概念，并在国际期刊 *Information and Control* 发表了第一篇用数学方法研究模糊现象的论文 *Fuzzy sets*（《模糊集合》），开创了模糊数学的新领域。

模糊是指客观事物差异的中间过渡中的"不分明性"或"亦此亦彼性"，如高个子与矮个子、年轻人与老年人、热水与凉水、环境污染严重与不严重等。在决策中，也有这种模糊的现象，如选举一个好干部，但怎样才算一个好干部？好干部与不好干部之间没有绝对分明和固定不变的界限。这些现象很难用经典的数学来描述。模糊数学就是用数学方法研究与处理模糊现象的数学。它作为一门崭新的学科,是继经典数学、统计数学之后发展起来的一个新的数学学科。其经过短暂的沉默和争议之后,迅猛地发展起来了,而且应用越来越广泛。如今的模糊数学的应用已经遍及理、工、农、医及社会科学的各个领域,充分表现了它强大的生命力和渗透力。统计数学是将数学的应用范围从确定性的领域扩大到了不确定性的领域,即从必然现象到偶然现象,而模糊数学则是把数学的应用范围从确定领域扩大到了模糊领域,即从精确现象到模糊现象。

　　实际中,处理现实的数学模型可以分成三大类:第一类是确定性数学模型,即模型的背景具有确定性,对象之间具有必然的关系;第二类是随机性数学模型,即模型的背景具有随机性和偶然性;第三类是模糊性数学模型,即模型的背景及关系具有模糊性。本部分通过两个案例来说明模糊数学在建模中的应用。

21 基于微分方程的嫦娥三号着陆轨道设计与控制

针对嫦娥三号软着陆轨道的设计与控制问题，结合动力学微分方程、月心惯性系转换方法，利用轨道离散化、参数优化算法，分别建立了着陆各阶段下多目标多约束的非线性优化模型。利用螺旋搜索算法和 k-means 算法，建立了着陆选址模型。运用 MATLAB 软件编程求解，得出近远日点各参数、各阶段最优控制策略及其耗油量和最优着陆点。

21.1 引　　言

对外太空的探索一直是人类不断追求的目标，中国于 2013 年 12 月发射嫦娥三号，其作为第一个地外软着陆探测器和巡视器，也是阿波罗计划结束后重返月球的第一个软着陆探测器，它的成功发射是探月工程二期（落）的关键任务。嫦娥三号将在月球表面实现软着陆，月球地形复杂的不确定性导致着陆地点的选择困难，如何实现着陆及着陆成功与否深受外界人士的关注。因此，探究嫦娥三号软着陆轨道及其控制策略具有重大意义。

21.2 问题的提出、数据的获取及假设

问题来自 2014 年全国大学生数学建模竞赛 A 题问题一和问题二，数据来自题目附件及网络。为了简化计算，做出以下假设：
（1）忽略月球引力非球项、日月引力摄动的影响；
（2）不考虑任何阻力；
（3）探测器变换姿态的过程中不改变速度且不产生燃耗；
（4）假设软着陆下降轨迹平面在环月停泊轨道平面内。

21.3 近远日点位置及相应速度

21.3.1 研究思路

在软着陆时，嫦娥三号距月球表面较高，将月球视为平面建立模型，定位误差较大。因此，建立三维空间中的月心惯性坐标系 $OX_rY_rZ_r$ 和月心赤道惯性系 $OXYZ$。由于环月椭圆轨道的倾角 i_0、轨道升交点赤经 Ω、旋转角 ρ 都是未知参数，其值与探测器的环月椭圆轨道选取有关，ρ 由探测器经过的月心角 β 所决定，而所选轨道无法唯一确定，上述参数的取值只能视情况而定。由于着陆轨道近似为抛物线，故简化为抛物运动，即在 X 轴方向做匀减速运动，而在 Y 轴方向由于月球引力的作用而做匀加速运动，利用运动学方程即

可解出 β。将问题转化到平面直角坐标系下，建立二维动力学微分方程模型，以燃耗最小为目标函数，以初始、终端状态为约束，建立了多目标多约束的非线性规划模型。通过对着陆轨道的离散化，将推力方向角表示成一个多项式的形式，利用参数优化算法进行计算机仿真，最后得出了近月点的经纬度坐标，由距点的对称性关系得到远月点坐标。轨道被唯一确定，再通过万有引力定律和开普勒第一定律确定出两点的速度。

21.3.2　坐标系的建立与转换

嫦娥三号探测器软着陆过程分为以下阶段：嫦娥三号在接近月球时利用发动机推力进行减速，被月球引力捕获后进入距离月球表面 100 km 的环月停泊轨道中；通过再次减速，进入椭圆轨道；当探测器到达月球表面高度为 15 km 的近月点时，沿一条类抛物线进行软着陆。探测器软着陆过程如图 21.1 所示。

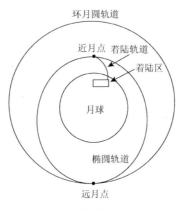

图 21.1　软着陆轨道示意图

月心赤道惯性系 $OXYZ$，原点 O 位于月心，XOY 平面与月球赤道平面重合，X 轴指向 J2000 平春分点在月球赤道上的投影，Z 轴指向月球北极，三轴构成空间中的直角坐标系，如图 21.2（a）所示。月心惯性参考坐标系 $OX_rY_rZ_r$，原点 O 位于月心，Z_r 轴由月心指向软着陆初始位置，X_r 轴与 Y_r 轴位于椭圆轨道平面内，如图 21.2（b）所示。

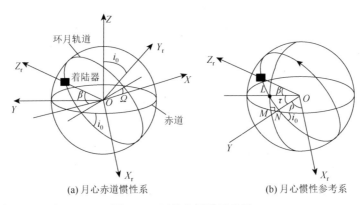

(a) 月心赤道惯性系　　　　　　(b) 月心惯性参考系

图 21.2　两种坐标系示意图

考察探测器在月心赤道惯性系下的主减速阶段运动规律,需得到月心赤道惯性系与月心惯性参考坐标系之间的变换关系。从月心赤道惯性系 $OXYZ$ 变换到月心惯性参考系 $OX_rY_rZ_r$ 需经历四次旋转: $Z(\Omega+180°) \to X(-i_0) \to Z(\rho) \to X(90°)$,即先绕 Z 轴旋转 $\Omega+180°$,绕 X 轴旋转 $-i_0$,再绕 Z 轴旋转 ρ,最后绕 X 轴旋转 $90°$。两者间的变换矩阵为

$$\boldsymbol{C}_I^r = \boldsymbol{C}_X(90°)\boldsymbol{C}_Z(\rho)\boldsymbol{C}_X(-i_0)\boldsymbol{C}_Z(\Omega+180°)$$

$$\rho = 90° - \beta - \tau = 90° - \beta - \arcsin(\sin\delta\sin i_0)$$

式中:i_0 为着陆预备轨道的倾角;Ω 为环月预备轨道的升交点赤经;ρ 为旋转角;δ 为着陆点 L 的赤经;β 为探测器经过的月心角。因此,月心赤道惯性系下的坐标可以表示为

$$[X \ \ Y \ \ Z]^T = (\boldsymbol{C}_I^r)^T[X_r \ \ Y_r \ \ Z_r]$$

由此公式可得月心赤道惯性系下探测器的位置:

$$\begin{cases} X = r\sin\beta_L\cos\alpha_L \\ Y = r\sin\beta_L\sin\alpha_L \\ Z = r\cos\beta_L \end{cases}$$

式中:r 为月球探测器矢径;α_L 为探测器的赤经。由于探测器的赤纬为 $90°-\beta_L$,易得 α_L、β_L 的表达式为

$$\alpha_L = \begin{cases} \arctan(Y/X) & (X>0,Y>0) \\ \arctan(Y/X)+\pi & (X<0) \\ \arctan(Y/X)+2\pi & (X>0,Y<0) \end{cases} \ , \qquad \beta_L = \arccos(Z/r)$$

由此表达式可分别求出赤经和赤纬的变化量 $\Delta\alpha_L$ 和 $\Delta\beta_L$:

$$\Delta\alpha_L = \alpha_{Lf} - \alpha_{L0}, \qquad \Delta\beta_L = \beta_{Lf} - \beta_{L0}$$

21.3.3　探测器运动轨迹的确定

通过建立主减速阶段的运动学模型来间接确定 β。近月点到月球表面的距离相对月球半径其实是相当小的,因而经过的月球表面可以近似看作直线。在洪湾着陆区内,嫦娥三号探测器着陆点所在经线与月心共同决定了着陆准备轨道所在的平面,即椭圆轨道位于该平面内。因此,可以将月球视为平面,建立平面直角坐标系:设原点 O 为探测器处于主减速阶段末位置时在月球表面的投影点,以着陆平面为 XOY 平面,以月心与近月点在月球表面投影点的连线方向为 Y 轴建立坐标系,如图 21.3 所示。

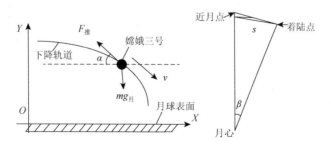

图 21.3　月球表面直角坐标系

由于探测器初始位置和终点位置确定，探测器在近月点 $(0,15\,000)$ 进入软着陆主减速阶段，初始速度 $v_0 = 17\,000\,\mathrm{km/s}$，主减速阶段结束后坐标为 $(0,3000)$，速度为 $v_1 = 57\,\mathrm{m/s}$。由于路径近似为抛物线，故简化为抛物运动，在 X 方向做匀减速运动，而在 Y 方向由于月球引力的作用而做匀加速运动，可以建立匀变速运动学模型：

$$\begin{cases} v_{By} = 2g_{月}h \\ a_x = \dfrac{v_0 - v_{Bx}}{t} \\ t = \dfrac{v_{By}}{g_*} \\ s = v_A t - 0.5at^2 \end{cases}$$

式中：v_A 为主减速阶段的起始速度；v_{Bx} 为主减速阶段结束后探测器的水平方向分速度；v_{By} 为主减速阶段结束后探测器的竖直方向分速度；s 为主减速阶段的水平位移；a 为探测器在主减速阶段的加速度；a_x 为探测器在主减速阶段的水平分加速度。

将初始点和终点状态代入可得

$$\begin{cases} v_{By} = 197.9899\,\mathrm{m/s} \\ a_x = 12.3085\,\mathrm{m/s^2} \\ t = 121.2183\,\mathrm{s} \\ s = 111\,443\,\mathrm{m} \end{cases}$$

通过解得的水平位移 s 结合图 21.3 的几何关系可以求解 β 的值。其计算公式为

$$\beta = 2\arcsin(s/2R)$$

式中：R 为月球的半径，易得 $\beta = 21.1479°$，从而可以代入月心赤道惯性系下坐标 $[X\,Y\,Z]$ 中化简计算。

21.3.4　主减速阶段二维动力学微分方程模型的建立

由于视探测器从近月点着陆在一个平面内，建立以月心为坐标原点，Y 轴正方向指向近月点的极坐标系。

由于探测器绕月球表面飞行，且切向速度较大，在月心极坐标系下必须考虑向心力和科里奥利力，且涉及转动变量，较为复杂。这里采用参考系转化，将极坐标系转化为非惯性参考系，并对该系中所有质点提供一个向上的离心力，其大小由水平速度和质点到月心的距离决定：

$$F_{离} = m\frac{v_x^2}{r}$$

式中：v_x 为探测器绕月飞行的水平速度；r 为探测器（视为质点）到月心的距离。

这样问题就转化到了平面直角坐标系下，因此对探测器的速度和受力进行正交分解，如图 21.4 所示。

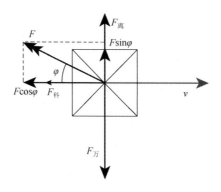

图 21.4　速度及受力正交分解示意图

在径向上，探测器受到万有引力 $F_{万} = \dfrac{GMm}{r^2} = \dfrac{\mu m}{r^2}$，其中 G 为引力常量，数值近似为 6.67×10^{-11} N·m^2/kg^2，M 为月球的质量，$\mu = G \cdot M$ 为标准重力参数。因此，根据牛顿第二定律有

$$\begin{cases} \dfrac{\mu m}{r} = mv^2 \\ F\sin\varphi = m\dfrac{\mathrm{d}v}{\mathrm{d}t} \end{cases}$$

在切向上，探测器受到推力分量 $F\cos\varphi$ 的作用及大小为 $2v\omega$ 的科里奥利力，因此有

$$F\cos\varphi + 2v\omega = -m\dfrac{\mathrm{d}v_y}{\mathrm{d}t}$$

由此可建立二维动力学微分方程模型：

$$\begin{cases} \dot{r} = v \\ \dot{v} = \dfrac{F}{m}\sin\varphi - \dfrac{\mu}{r^2} + r\omega^2 \\ \dot{\omega} = -\dfrac{F}{mr}\cos\varphi + \dfrac{2v\omega}{r} \\ \dot{m} = -\dfrac{F}{C} \\ \dot{\theta} = \omega \end{cases}$$

式中：v 为 Or 方向上的速度；ω 为探测器绕月心的角速度；C 为比冲；$\dot{m}$ 就是比冲的公式反过来，$C = -\dfrac{F}{\dot{m}}$；$\dot{\theta}$ 为角速度对时间的导数。

1）初始状态的确定

探测器在近月点进行软着陆第一阶段，所以近月点即此方程起始点。根据近月点处探测器的状态得到以下初值：

$$r(0) = r_0, \qquad v(0) = 0, \qquad \theta(0) = 0°, \qquad \omega(0) = 0, \qquad m(0) = m_0$$

式中：r_0 为月心到近月点的距离，即 $r_0 = R + 15$ km；m_0 为探测器初始质量。

2）终端状态的确定

设定终端时刻 t_f 自由，易得系统终端状态应满足：

$$r(t_f) = R, \qquad 0 \leqslant v(t_f) \leqslant v_f, \qquad \omega(t_f) = 0$$

式中：v_f 为探测器到达月球表面所允许的最大速度。在整个软着陆过程中，还应该满足

$$r(t_f) \geqslant R, \quad t \in [0, t_f]$$

21.3.5 目标函数的确立

由于主减速阶段的目标是使探测器减速，而当主减速发动机推力的大小达到峰值时，探测器的减速最快。因此，考虑让发动力推力 F 恒定且保持其最大值 7500 N，而推力方向角 β 并不能简单地假定为与速度方向相反。最优推力方向角 β 的确定需要通过计算机仿真模拟。

由题意，设燃耗为 J，并以燃耗最小为目标函数：

$$\min J = \min \int_0^{t_f} m\,\mathrm{d}t = \min \int_0^{t_f} \frac{F}{v g_m}\,\mathrm{d}t$$

式中：g_m 为月球表面重力加速度。

21.3.6 模型的求解

针对上述最优控制问题，仅由动力学微分方程组反推其运动过程十分困难，因此，为了求出近月点、远月点相关数据，考虑将软着陆轨道进行离散化。将整个着陆轨道无限分割为 N 段，当 $N \to \infty$ 时，可以认为每一段运动过程都是直线运动，推力方向角也随之不断变化，如图 21.5 所示。

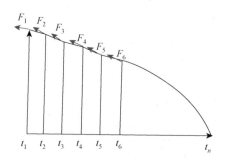

图 21.5 轨道离散化示意图

为了能反映推力方向角随时间 t 的变化，使用最优问题参数化的方法进行求解，推力方向角 B 可以表示成一个多项式的形式，即

$$B = \sum_{i=0}^{2} a_i t^i$$

式中；a_0 为常数；a_1 为 t 的系数；a_2 为 t^2 的系数。

通过对参数的不断迭代，无限逼近最优解，设计了算法来求解此问题，算法步骤如表 21.1 所示。

表 21.1   参数优化算法

输入：v, t

过程如下。

步骤 1：将参数代入给定系统及初始、终端约束，求解指标函数关于参数的梯度。

步骤 2：对时间进行数值逼近，并通过迭代计算横向、纵向速度的数值。

步骤 3：判断更新后的参数是否满足系统和各状态约束，同时判断指标函数是否满足要求，若满足，输出优化结果，否则返回步骤 2。

输出：$\beta, i_0, \rho', \tau, \alpha_L, \beta_L$

建立加速度随时间变化的关系，v_0 为输入的初始速度，t 为初始时间，β 为推力方向角，i_0 为环月椭圆轨道的倾角，ρ' 为嫦娥三号经过的月心角，可以由角 τ 计算得出，角 τ 见图 21.2（b），α_L 为探测器的赤经，β_L 为探测器的赤纬。

通过计算机仿真得到最优速度变化曲线和最优推力方向角曲线，如图 21.6、图 21.7 所示。

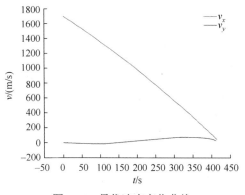

图 21.6   最优速度变化曲线

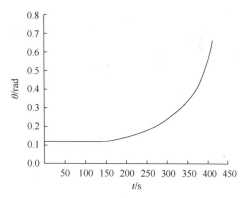

图 21.7   最优推力方向角曲线

虽然主减速阶段完成后，嫦娥三号并没有到达着陆点，而是在着陆点上方 3 km 的位置。但是由题设可得，经过此阶段，嫦娥三号探测器已基本达到着陆位置上方，所以主减速阶段的水平路程可以近似视为整个软着陆过程的水平位移。再者，此时速度相比于着陆前已经差了两个数量级，加之接下来几个阶段的运行时间较短，所以合理地认为此时已经达到预定着陆点。因此，结合弧长和转角便可求解出近月点相关参数。

近月点、远月点与月心位于同一直线上，即三点共线，故远月点的经纬度可以通过跖点加以确定。一对跖点是天体表面关于球心对称的位于天体直径两端的点，其经度值相差 180°，而纬度值相同。同时，降落过程中为了方便计算控制，轨道平面会与落点所在经线平面基本重合，即近月点经度也为 19.51°W，由此解得近月点和远月点的经纬度坐标，如表 21.2 所示。

表 21.2　近月点、远月点经纬度坐标

地点	经度	纬度	距月球表面高度
近月点	19.51°W	31.68°N	15 km
远月点	160.49°E	31.68°N	100 km

根据开普勒第一定律，月球的质心位于椭圆轨道的一个焦点上，设 a、c 分别为此椭圆轨道的长半轴长和短半轴长。因此，由几何关系可得

$$a + c = H_f + R, \qquad a - c = H_c + R$$

式中：H_f、H_c 分别为远月点和近月点距离月球表面的高度；R 为月球的平均半径。椭圆轨道示意图如图 21.8 所示。

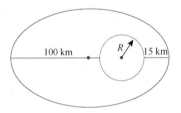

图 21.8　椭圆轨道示意图

假设月球是一个均匀球体，则月球对嫦娥三号探测器的引力可以等效为一个位于月球中心的与月球质量相同的质点对探测器的引力。由万有引力定律可得远月点和近月点的运动学方程为

$$\begin{cases} G\dfrac{Mm_0}{(a+c)^2} = m_0\dfrac{v_f^2}{\rho_f} \\ G\dfrac{Mm_0}{(a-c)^2} = m_0\dfrac{v_c^2}{\rho_c} \end{cases}$$

式中：M 为月球质量；G 为引力常量；m_0 为探测器初始质量，且 $m_0 = 2.4$ t；ρ_f、ρ_c 分别为远月点和近月点处的曲率半径。由椭圆的几何性质可得曲率半径 ρ 的计算公式：

$$\rho = (a \pm c)(1 \mp e)$$

由此得到远月点和近月点的速度分别为

$$\begin{cases} v_f = 1.6142 \text{ km/s} \\ v_c = 1.6925 \text{ km/s} \end{cases}$$

由天体力学相关知识，探测器在远月点和近月点时仅受到指向月心的月球引力作用，没有其他方向上的力，故在两点处，探测器的速度方向为平行于月球表面（沿切线）的逆时针方向。

21.4 各阶段及最优控制策略

21.4.1 快速调整阶段

1. 模型的建立

快速调整阶段的目标主要是调整探测器姿态，需要从距离月球表面 3 km 到 2.4 km 处将水平速度减为 0，即主减速发动机的推力竖直向下。在主减速阶段结束后，探测器的速度方向仍接近于水平，而要求经过快速调整阶段，使得探测器姿态调整成竖直向下，如图 21.9 所示。

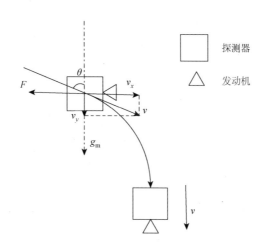

图 21.9 快速调整阶段示意图

快速调整阶段开始时，探测器距月面高度较低，所以假设过程中探测器受到的万有引力等于重力，即向心加速度可以视为恒定重力加速度 g_m。

1）目标函数

此阶段仍需将燃耗最小作为最优化目标，即

$$\min J_2 = \min \int_0^{t_f} m\,\mathrm{d}t = \min \int_0^{t_f} \frac{F}{v g_m}\,\mathrm{d}t$$

2）竖直方向约束

快速调整阶段需要使水平速度减小为 0，且需要调整姿态，使主发动机竖直向下。因此，在竖直方向上需要满足：

$$vt_f \cos\theta + 0.5 \cdot g_m t_f^2 \leqslant h_1 - h_2$$

其中，$h_1 - h_2 = 600\,\mathrm{m}$。

3）水平方向约束

在快速调整阶段，探测器受到竖直向下的重力和发动机的推力作用。探测器的速度可以分解为月球引力方向的 v_y 和与推力 F 方向相反的分量 v_x。需要满足探测器在水平方向上做变减速运动，使速度为 0，即

$$\int_0^{t_f} \frac{F}{m(t)}\mathrm{d}t = v\sin\theta$$

4）二维动力学微分方程模型

首先，对快速调整阶段做受力分析，受力示意图如图 21.10 所示。

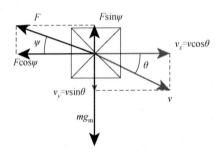

图 21.10　快速调整阶段受力示意图

因此，可建立如下动力学微分方程组：

$$\begin{cases} F\cos\psi = m\dot{v}_x \\ \dot{m} = \dfrac{F}{C} \\ mg_m - F\sin\psi = m\dot{v}_y \end{cases}$$

5）初始状态的确立

$$v_{x0} = 48.63\,\mathrm{m/s}, \quad v_{y0} = 29.96\,\mathrm{m/s}, \quad m_0 = 1344.6\,\mathrm{kg}$$

6）终端状态的确立

$$v_{xf} = 0, \qquad \psi_f = 90°, \qquad \theta_f = 90°$$

2. 模型的求解

同主减速阶段，将推力方向角表示成多项式的形式，使用参数优化算法结合微分方程组求解此单目标多约束的非线性规划问题。通过计算机仿真模拟，解得快速调整阶段 F 与各相关变量的示意图如图 21.11 所示。

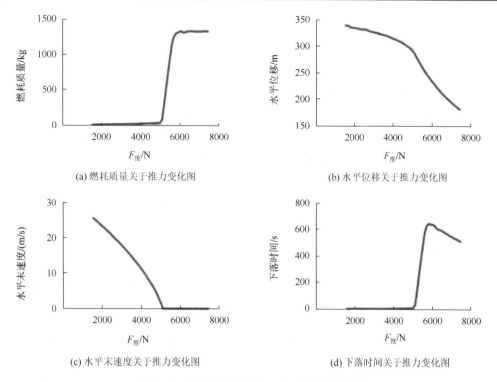

图 21.11   快速调整阶段推力与各变量关系图

由题意可知，快速调整阶段需要满足水平末速度为 0、发动机推力向下的条件，基于图 21.11 的变化趋势能初步确定在 4500～5500 N 将存在一个最小推力，使得水平末速度正好为 0，此时燃耗质量为最小值。通过 MATLAB 求解得到，当推力为 5083 N 时，水平末速度首次到达 0，此时水平位移为 289.06 m，燃耗质量为 42.19 kg，运行时间为 24.4 s，末状态和速度大小为 0.554 m/s。

21.4.2   粗避障阶段

1. 着陆区域的选址

粗避障阶段的范围是距月球表面 2400 m 到 100 m，其主要目标是避开月球表面较大的陨石坑，并实现在设计着陆点上方 100 m 处悬停，初步确定落月地点。嫦娥三号在距离月球表面 2400 m 处对正下方月球表面 2300 m×2300 m 的范围进行拍照，获得数字高程图。嫦娥三号在月球表面的垂直投影位于预定着陆区域的中心位置。该高程图的水平分辨率是 1 m/像素，其数值的单位是 1 m。粗避障阶段意在避开陨石坑，因此需要确定陨石坑的位置。统计所有像素点的高程出现次数，并画出直方图，如图 21.12 所示。

由直方图可以清晰得到，高程在 80～120 m 出现的频次最高。因此，可以初步认为，平坦区域高程位于 80～120 m。

通过经典的 k-means 算法对所有像素点高程 a_{ij} 进行聚类，当聚类个数为 5 时，聚类效果最优，可以清晰地区别出平坦区域和陨石坑，如图 21.13 所示。

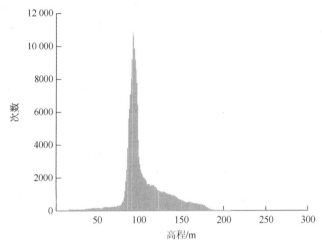

图 21.12 高程直方图

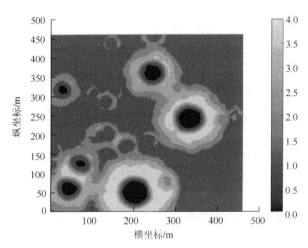

图 21.13 数字高程聚类结果

2. 选址模型的建立

因为探测器拍照范围为 2300 m×2300 m，数据量过大难以分析，所以需要建立更加科学的数字化选址模型以更加精准地避开大陨石坑。将高程图进行格栅化处理，每一个格栅为 10 m×10 m，即 100 个像素点为一个独立单元，高程图便被分成 230 m×230 m 的二元化格栅，大大降低了数据处理量。

由初步聚类分类结果，可以粗略地将所有格栅分为安全格和危险格。但是为了更加精确，引入 0-1 变量 x_{ij} 来描述一个格栅是否为安全格。记频数最大的高程为 A，定义在 A 上下浮动 4 m 的范围内为安全格，即

$$x_{ij} = \begin{cases} 0 & (a_{ij} \notin [A-4, A+4]) \\ 1 & (a_{ij} \in [A-4, A+4]) \end{cases}$$

其中，$0 \leqslant i \leqslant 230, \ 0 \leqslant j \leqslant 230$。

以任一安全格单元为起始点,采用螺旋前进搜索的方法,即搜索其外围 8 个格栅单元,

若均为平坦区域，则安全半径 R_{safe} 扩大一个单位，直到出现危险格为止。明显地，R_{safe} 越大，该区域越安全，所以建立目标函数为

$$\max R_{safe}$$

通过计算机迭代循环遍历每一个安全格，便可以找到最大安全半径 R_{max}，选址模型总示意图如图 21.14 所示。其中，白色格栅为安全格，黑色格栅为危险格。

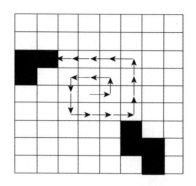

图 21.14　选址模型总示意图

通过计算机仿真遍历每一个安全格，得到以下最优格栅示意图，如图 21.15 所示。

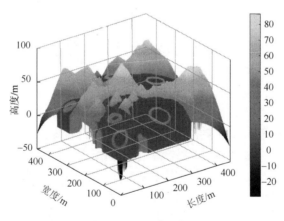

图 21.15　最优格栅

粗避障阶段动力学微分方程模型与上述类似，在此不再赘述。通过 MATLAB 编程求解得到，嫦娥三号总运动时间为 10 417 s，剩余质量为 3.92 kg，嫦娥三号总燃耗为 $J = 1274.81$ kg。

21.5　总　　结

本文针对嫦娥三号的软着陆轨迹进行描述，采用动力学微分方程进行严格推导，使模型具有普遍性。模型参数可以进行调整，可适应多种复杂情况，为进一步研究提供了方便。

22 基于有限元法低温防护服厚度的优化分析

针对低温防护服的厚度与其经济效益的平衡问题，本文首先根据傅里叶传热学模型、有限元法模拟了一定厚度的防护服在低温状态下的传热过程,得到了有风状态和无风状态下实验者的安全时间,并通过建立最优安全时间模型,探究了防护服厚度与其经济效益的关系,给出了有限经费下的最优防护服厚度。

22.1 引 言

在一些特定的场合,人们往往需要在极寒天气下作业,低温防护服保温能力的研究显得尤为重要。本文主要使用有限元模型对传热过程进行仿真模拟,并结合有风和无风两种情况的模拟结果,建立了最长安全时间优化模型,研究了低温防护服厚度与其实际经济效益之间的关系,并提出了有限经费下的最优防护服厚度。

22.2 研究背景与假设

关于本文所提及的低温防护服,有如下研究基础。

（1）低温防护复合材料：此低温防护材料共有三层结构,包括内层织物层、中间层功能层、外层隔热层。内层织物层主要用于保证穿戴者的舒适感,并带有一定的保温功能。中间层功能层是一种特殊的材料,可以产生相变（由固、液、气中的一种状态转换到另一种状态,在此过程中会吸收热量或者释放热量）并释放热量,用以延缓人体温度的过快降低。外层为隔热层,主要作用是避免热量对外过快传递。

（2）测试时,防护材料的初始温度与人体温度一样,本文中将人体和材料之间空气层的温度视为防护材料的初始温度,具体值为 37.5℃,外界温度为–40℃。在保证人身安全的情况下,实验员能承受的最低温度为 15℃,如果低于该值将会极大地影响其工作效率,此后文中称此温度为安全温度,为了使实验结果具有更高的普遍性,本文忽略实验者在活动时新陈代谢所产生的热量。

（3）内层由普通的布制成,按面积销售。中间层和外层是高性能材料,按照质量销售。防护服参数见表 22.1。

（4）在进行防护服的质量优化时,功能层和隔热层的最大厚度分别为 0.45 mm 和 1.30 mm,若再加大其厚度会导致防护服过硬,使工作人员在外界的活动严重受限,进行优化后所得到的结果也会完全失去实际使用的意义。因此,在进行优化时,首先将功能层和隔热层的厚度增加到最大厚度，然后只考虑织物层的厚度对防护服质量的影响。

表 22.1 防护服参数表

各层名称	厚度/mm	比热容/[J/(kg·K)]	热导率/[W/(m·K)]	密度/(kg/m³)	价格
外层（隔热层）	0.30	5463.20	0.0527	300	150 元/500 g
内层（织物层）	0.70	4803.80	0.068	208	10 元/m²
中间层（功能层）	0.40	2400	0.06	552.30	500 元/500 g

22.3 在无风情况下实验者的安全时间研究

22.3.1 研究思路

要得到实验者在外界的安全时间，也就是要研究在多长时间之后实验者的皮肤温度降至安全温度以下。主要研究思路有两种，方法一为根据防护服各层传热情况列写传热学微分方程，并进行求解。因为传热学微分方程一般为偏微分方程并且很难得到解析解，而数值解又会造成很大的误差，所以本文将采用第二种方法，即使用有限元的研究方式对该传热学方程进行求解。有限元法是一种当研究对象的整体动态规律可以推广到整体中任意一个部分时较适用的方法。对于本文来说，由于研究对象是防护服的整体传热过程，根据能量守恒定律，在任一时间间隔内进入系统的总热流量加上内热源所产生的热量等于流出系统的总热流量和热力学能（自身温度）的增量，虽然防护服各层需要考虑的传热方式各有差别，但是能量守恒定律对于各层来说都是适用的，故对整个防护服系统采用有限元法是可行的。

22.3.2 研究方法

1. 导热微分方程的研究

为找出整个系统温度场的数学表达式，就必须根据能量守恒定律与傅里叶定律，建立导热物体中的温度场满足的数学关系式，即导热微分方程。一般情况下的导热过程如图 22.1 所示。

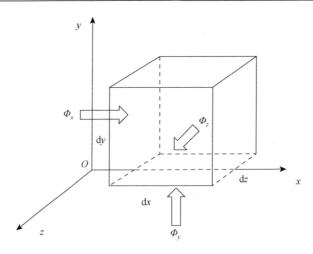

图 22.1　微元六面体的导热分析

对于某微元体，按照能量守恒定律，在任一时间间隔内有以下热平衡关系：

导入的总热流量 + 内热源的生成热 = 导出的总热流量+热力学能的增量

$$Q_{\text{in}} + \Phi = Q_{\text{out}} + \Delta Q \qquad (22.1)$$

现定义微元体热力学能的增量为

$$\Delta E(x,y,z) = \left| Q_{\text{in}} - Q_{\text{out}} \right| = \rho c \frac{\partial T}{\partial t}$$

微元体内热源的生成热为

$$\Phi(x,y,z)$$

导入导出微元体的导热增量为

$$\Delta Q(t) = \lambda \left(\frac{\partial^2 T}{\partial x^2} + \frac{\partial^2 T}{\partial y^2} + \frac{\partial^2 T}{\partial z^2} \right) \qquad (22.2)$$

式中：ρ、c、λ、Φ 及 t 为微元体的密度、比热容、导热系数、单位时间内微元体中内热源的生成热及时间，除中间层外，其他各层均有 $\Phi = 0$。

最终公式为

$$\rho c \frac{\partial T}{\partial t} = \lambda \left(\frac{\partial^2 T}{\partial x^2} + \frac{\partial^2 T}{\partial y^2} + \frac{\partial^2 T}{\partial z^2} \right) + \Phi \qquad (22.3)$$

对于本文的传热过程而言，防护服各层的层间温度变化是基本平行的，即只存在层间传热，不存在某一层内的平面传热，故导热情况可简化为一维导热问题，即单位时间内通过给定整体外表面的热量，正比于垂直于该面方向的温度变化率和截面面积，具体可表示为

$$\rho c \frac{\partial T}{\partial t} = \lambda \frac{\partial^2 T}{\partial t^2} + \Phi \qquad (22.4)$$

此处给出了普遍的传热学模型，对于对流换热和相变潜热的模型研究将在下面讨论。

2. 低温防护服结构的研究

本文将整个参与传热过程的系统分为四部分，从里到外分别为代表实验者身体温度的空气层（0.20 mm）、防护服内层（即织物层，0.70 mm）、防护服中间层（即功能层，0.40 mm）、防护服外层（即隔热层，0.30 mm）。

根据低温防护服各层的分布情况，可以简单地画出其结构分布和传热过程示意图（图 22.2）。

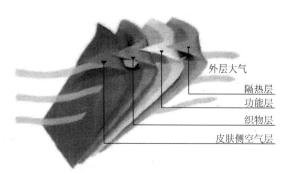

图 22.2　低温防护服多层织物结构示意图

由图 22.2 可得，皮肤侧空气层和内层织物层之间有空气流动，隔热层和外层大气之间也有空气流动，以上两者的传热过程为对流传热和导热过程同时存在。织物层、功能层和隔热层之间没有空气的流动，其传热方式为导热，其中，中间层一般工作在正常状态，在自身的温度到达一定时释放热量成为内热源，当其能量耗尽之后又恢复正常状态。

3. 对流换热过程的研究

着装人体和外界低温环境的对流热交换为

$$\Delta C = S \cdot h_c (T_{cl} - T_a) \tag{22.5}$$

式中：ΔC 为单位时间的热流量，W；h_c 为对流换热系数，W/(m²·℃)；T_{cl} 为着装人体系统最外层服装外表面的温度，℃；T_a 为外界低温环境的温度，℃；S 为着装人体有效表面积，m²。

查阅资料（表 22.2）可得，标准体型成年人在着装条件下内层和外层的自然对流换热系数分别为 2.00 和 5.22。

表 22.2　自然对流换热系数表

人体的表面积/m²	内层自然对流换热系数/[W/(m²·℃)]	外层自然对流换热系数/[W/(m²·℃)]
1.65	2.00	5.22

4. 中间层相变潜热模型的研究

DSC 曲线是相变材料在达到相变条件（在本文中为-20℃）后，相变材料放热能力与时间的关系。通过 DSC 曲线确定峰的面积（图 22.3），用峰面积来表示相变材料在一定的温度范围内的相变潜热。本文通过求连线和曲线相围的面积，借助差示扫描量热法得到相变材料的相变潜热。

$$W = \Delta h \times m \qquad (22.6)$$

式中：Δh 为相变潜热，J/g；m 为相变材料的质量，g。

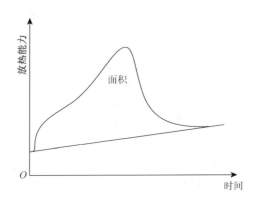

图 22.3　相变潜热 DSC 曲线面积的确定

通过上述对于各个层传热方式的研究，可以得到：对与皮肤直接接触的空气层，其导入热流量由对流传热公式确定，导出热流量由与织物层之间的导热确定；织物层的导入热流量为前一层（皮肤侧空气层）的导出热流量，导出热流量由与中间层之间的导热确定；中间层的导入热流量为织物层的导出热流量，导出热流量由与隔热层之间的导热确定；隔热层的导入热流量为织物层的导出热流量，导出热流量由对流传热公式确定。

22.3.3　结果分析

由于外界温度较低，本文采用从外层到里层逆推的方法，从外界开始，模拟温度传导过程。

步骤 1：建立有限元。

本文将防护服整体及与防护服织物层内壁和人体紧贴的一层空气（0.20 mm）作为分析的主要对象，人体散热忽略不计。取 0.01 mm 为一个有限元厚度，将厚度为 0.20 mm 的空气单独视为一个有限元。

步骤 2：导热规则的制订。

在导热过程中，根据能量守恒定律，对任意一个有限元均有

$$Q_{in} + \Phi = Q_{out} + \Delta Q \qquad (22.7)$$

式中：Q_{in} 为流入有限元的热量；Φ 为有限元中内热源发出的热量；Q_{out} 为流出有限元的热量；ΔQ 为有限元中热量的增量。对于除中间层之外的其他层有 $\Phi = 0$。

步骤 3：更新有限元温度。

对 i 号有限元的温度更新表达式为

$$\begin{cases} \Delta T_i = \dfrac{\Delta Q_i}{m_i \cdot C_i} \\ T_i = T_i + \Delta T_i \end{cases} \quad (22.8)$$

式中：m_i 为有限元 i 的质量；C_i 为有限元 i 的比热容。

步骤 4：判断与累计。

每次更新之后对最内层有限元的温度 T_n，当 $T_n > 15$ 时，模拟继续，返回步骤 3，计数变量 count = count + 1，计数变量 count 的初始值为 1；否则，模拟结束。

当模拟结束时，由于模拟中取的时间间隔 $\Delta T = 7 \times 10^{-4}$，实验者在–40℃的气温下可以安全的时间 t 的表达式为 $t = \text{count} \cdot \Delta t$。

从图 22.4 中可以看出，穿戴防护材料的实验者的体温变化缓慢，显然能够维持更久的时间。通过计算求得在–40℃无风的环境，防护材料不起作用的情况下安全时间只有 168.02 s，而防护材料起作用的实验者其安全时间延长为 420.14 s。

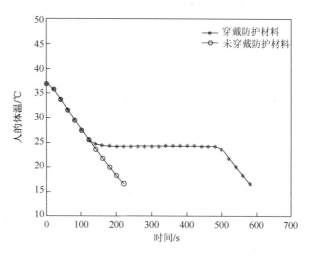

图 22.4　防护材料的穿戴与否人体温度的对比

22.3.4　灵敏度检验

考虑模型的结果主要受到环境温度的影响，因此在防护材料起作用的条件下对得到的时间 t 和环境温度进行灵敏度检验，有助于检验优化结果的稳定性和可行性。先使温度 ±1℃，得到对应的维持时间，再和求得的–40℃无风环境下的维持时间比较，进行分析。

从表 22.3 可以看出，在上下改变 1℃的情况下，安全时间上下波动不超过 5%，变化不大，从而说明了模型的正确性。

表 22.3　灵敏度检验结果

温度/℃	安全时间/s
–42	407.88
–41	413.92

温度/℃	安全时间/s
-40	420.14
-39	426.58
-38	433.21

22.4　实验者在有风情况下的安全时间研究

22.4.1　研究思路

在有风情况下，对流换热由自然对流变为强制对流，其他模型均与无风情况下一致。

22.4.2　研究方法

同样可以采用已经建立的传热学模型，但当环境考虑到风速时，需要对外部流动强制对流换热系数重新判定，再代入热流量计算公式中，计算有风状态下的热流量。

雷诺数的表达式为

$$Re = \frac{ul}{v} \tag{22.9}$$

式中：u 为风速；l 为迎风面高度，m；v 为空气的物性常数，称为运动黏度，m^2/s。雷诺数的数值通常根据风速查表计算。

表面传热系数的实验关联式为

$$Nu = CRe^n \tag{22.10}$$

式中：Nu 为努塞尔数。

根据 Re 的范围可以查表找出常数 C 和 n 的值。

最后，便可求出外部流动强制对流换热系数 h_z：

$$h_z = Nu\frac{\lambda}{l} \tag{22.11}$$

式中：λ 为空气的导热系数，$W/(m^2 \cdot K)$。

22.4.3　结果分析

人体的表面积不变，根据强制对流换热系数的模型，依据雷诺数 Re 的范围可以查表找出常数 C 和 n 的值，将这两个数值代入式（22.10）即可得到 Nu，再将之代入式（22.11）即可求出内层和外层的强制对流换热系数，分别为 3.72 和 9.71（表 22.4）。

表 22.4　强制对流换热系数表

人体的表面积/m^2	内层强制对流换热系数/[$W/(m^2 \cdot K)$]	外层强制对流换热系数/[$W/(m^2 \cdot K)$]
1.65	3.72	9.71

依据有限元法得出，在风速为 3 m/s 的环境下，防护材料不起作用的情况下安全时间只有 96.4418 s，而防护材料起作用的实验者安全时间为 238.8232 s。

22.4.4 灵敏度检验

风速为 3 m/s 的环境下的结果同样受温度的影响，因此在防护材料起作用的条件下对得到的时间 t 和环境温度进行灵敏度检验。先使温度±1℃，得到对应的安全时间，再和求得的−40℃无风的环境下的安全时间比较，进行分析。

从表 22.5 可以看出，在−40℃上下改变 1℃的情况下，安全时间上下波动不超过 5%，变化不大，从而说明了模型的正确性。

表 22.5 灵敏度检验结果

温度/℃	安全时间/s
−42	231.95
−41	235.33
−40	238.82
−39	242.43
−38	246.14

22.5 低温防护服厚度与其实际经济效益的研究

22.5.1 研究思路

本文考虑在已有经费的情况下，将功能层和隔热层的厚度加到最大，而此部分的质量增加极其有限，故首先拟合出织物层的厚度与实验者处于外界最长时间之间的函数关系，再根据实际情况下的约束条件建立优化模型，便可求出最优方案。

22.5.2 研究方法

1. 安全时间变动约束

实验者在−40℃环境下的安全时间 t 的变动是由防护服的质量增加（织物层的质量增加）所引起的，通过仿真程序可以得到防护服质量 m 与安全时间 t 的函数关系 $t = f(m)$，约束条件具体为

$$t \leqslant f(m) \tag{22.12}$$

2. 最大承受质量变动约束

最大承受质量 M 的初始值为 100 kg，并且每多承受 10 s 的时间，最大承受质量将下降 0.5 kg，约束条件具体为

$$M = 100 - 0.5 \times t / 10 \tag{22.13}$$

3. 衣物质量约束

任意时刻实验者身上的衣物质量都不能超过其最大承受质量 M，约束条件具体为

$$m \leqslant M \tag{22.14}$$

式中：m 为防护服整体的质量。因此，优化模型为

$$\max t$$

$$\text{s.t.} \begin{cases} t \leqslant f(m) \\ M = 100 - 0.5 \times t / 10 \\ m \leqslant M \end{cases}$$

22.5.3 结果分析

对于防护服质量与实验者的安全时间之间的函数关系 $t = f(m)$，根据分析可得，因为功能层和隔热层的厚度已经加到最大，这部分的质量已经确定，所以只需要考虑织物层的质量与安全时间的关系即可。具体方法为，记录织物层不同厚度对应的实验者安全时间，并将织物层的厚度值换算为防护服的质量，再进行曲线的拟合即可得到此函数关系。

拟合方程表达式为

$$t = 372.8 \times m - 305.1 \tag{22.15}$$

根据有限元法的仿真结果及上述拟合方程的综合分析，得到织物层厚度与防护服质量的关系图（图 22.5）。

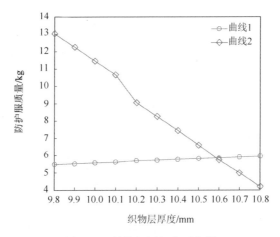

图 22.5 最优解近似值示意图

图中曲线 1 为最大承受质量和织物层厚度的关系曲线，曲线 2 为防护服的质量和织物层厚度的关系曲线。由于织物层厚度与时间的关系已经通过有限元的模拟确定了，进而隔热层厚度与最大承受质量的关系也是确定的。两条曲线的交点代表在某一隔热层厚度下，实验者在外界坚持的时间，达到防护服保温效果最长的时间时，实验者自身的最大承受质量也达到了此时防护服的质量，此时使用 LINGO 软件求解优化模型，即可得最大安全时间为 1882.63 s，其对应的防护服质量即最优质量，为 5.8683 kg。

由研究背景中的约束可得，隔热层和功能层的最大厚度分别为 1.30 mm 与 0.45 mm，由隔热层、功能层的密度值，可以计算出其质量，再结合 LINGO 求解出的防护服最优质量及织物层的密度，则可得到织物层此时的厚度为 10.59 mm。但是考虑在现实生活中织物层的厚度不可能达到这种精确程度，所以以将其厚度缩减为 10.50 mm，在此种情况下，实验者能在外界的安全时间达到 1866.17 s，此时防护服总质量为 5.83 kg，再结合各层的售价可计算出防护服的最低造价为 775.50 元（防护服各层的密度和售价均可在表 22.1 中查得），具体结果见表 22.6。

表 22.6 具体结果汇总表

隔热层厚度/mm	功能层厚度/mm	织物层厚度/mm	最终质量/kg	价格/元	安全时间/s
1.30	0.45	10.50	5.83	775.50	1866.17

22.6 总 结

在本文建立模型时，主要采用有限元法对传热过程进行了模拟，研究了目标防护服的工作性能，并主要探究了其中间功能层对实验者安全时间的影响。最终重点研究了低温防护服厚度与其实际经济效益之间的关系，提出了经费最低的最优防护服厚度。本文针对所研究问题的传热学模型的复杂性、问题所研究情况的多样性而采用有限元法，相较于传统的直接求解偏微分方程数值解的方法，在可行性和精确性方面有很大的提高。

23　偏微分方程的有限差分解法及格式改造和优化

当求解有界抛物型偏微分方程，如传热学中的热传导方程时，由于方程往往是分段表达的，直接求解往往难以实现。为了更好地得到方程的解，以及将解的图像用 MATLAB 软件形象地表示出来，本文利用区域离散划分的思想，编程展现一定区域内抛物型微分方程的有限差分方法，并通过数值实验证明了方法的可行性与稳定性。最后本文对传统的显式差分格式进行了有效的改进，并以 2018 年全国大学生数学建模竞赛 A 题为例进行结果展示。

23.1　引　　言

本文讨论求解偏微分方程的一般有限差分法，结合一维非稳态热传导方程，提出合理、系统、完善的改进方法，对传统格式的设计及改造优化指出具体可循的方向，展示不同解法下的结果间的误差高低。

$$\frac{\partial t(x,\tau)}{\partial \tau} = a \cdot \frac{\partial^2 t(x,\tau)}{\partial x^2}$$

式中：$t(x,\tau)$ 为原函数；τ 为时间；a 为偏微分方程常数系数；x 为单位长度。该公式为抛物型偏微分方程，简称抛物型方程，可用于求解热传导问题。此方程（热传导方程）是最简单的一种抛物型方程，是研究热传导过程的一个简单数学模型。

求解热传导方程的基本思想：有限差分法以差分的格式替代偏微分方程，将求解区域进行划分，把原方程和边界条件中的微商用差商来近似，于是原来的微分方程就可以近似地以代数方程组来代替，即以有限差分方程组的形式求解代数方程组，来得到网格各单元的近似数值解，进一步可以通过插值方法从离散解得到整个区域上的近似解（史策，2009）。有限差分数值计算的基本步骤：

（1）区域的离散和划分；

（2）差分形式的选择；

（3）将差商代入并得到方程组；

（4）求解方程组。

23.2　偏微分方程的建立

本文以 2018 年全国大学生数学建模竞赛 A 题为例，建立偏微分方程，介绍方法并对其进行求解。结合题目给出的边界条件、传热学的热传导偏微分方程，建立偏微分方程。令 λ_i 是第 i 层的热传导率，ρ_i 是服装的密度，c_i 是服装的比热容。人体皮肤表面温度为 t_{skin}，

外界温度为 $t_{out} = 75℃$。偏微分方程建立如下：

$$\begin{cases} \dfrac{\partial t}{\partial \tau} = \dfrac{\lambda_i}{\rho_i c_i} \dfrac{\partial^2 t}{\partial x^2} \\ \left. \lambda_i \dfrac{\partial t}{\partial x} \right|_{x=i} = \left. \lambda_{i+1} \dfrac{\partial t}{\partial x} \right|_{x=i+1} \quad (i = 1, 2, \cdots, N) \\ t_0^\tau = t_0, t_N^\tau = 75 \\ t_x^0 = 37 \end{cases}$$

式中：t_0^τ 为人体表面温度的边界条件；t_N^τ 为外界恒温条件；t_x^0 为人体表面初始温度。

23.3 区域的划分

通过已知方程，建立时间 τ 与空间 x 的函数，设空间步长 $\Delta x = 1/N$，每次运行的时间步长 $\Delta \tau = 1/I$，这样就把初始的矩形区域划分成了一个长方形的网格，如图 23.1 所示。然后对原方程建立差分格式，下面本文列举显式格式与隐式格式（何文平 等，2004），把原方程离散到各个结点上来进行数值近似计算。

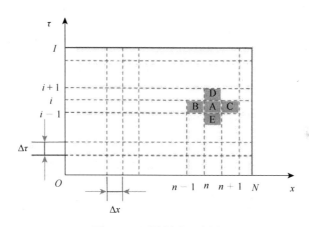

图 23.1 区域划分示意图

23.4 差分格式的选择

23.4.1 显式格式

令 t_n^i 表示第 n 个单位长度上微元层在第 i 个单位时间时的函数值，$t(x, \tau)$ 为原函数，$\Delta \tau$ 是时间步长，Δx 是空间步长。那么原函数 $t(x, \tau)$ 对时间步长 $\Delta \tau$ 的一阶导为

$$\frac{\partial t}{\partial \tau} = \frac{t_n^{i+1} - t_n^i}{\Delta \tau}$$

原函数 $t(x, \tau)$ 对空间步长 Δx 的一阶导为

$$\frac{\partial t}{\partial x} = \frac{t_{n+1}^i - t_n^i}{\Delta x}$$

原函数 $t(x,\tau)$ 对空间步长 Δx 的二阶导为

$$\frac{\partial^2 t}{\partial x^2} = \frac{(t_{n+1}^i - t_n^i) - (t_n^i - t_{n-1}^i)}{\Delta x^2}$$

23.4.2　隐式格式

同理，可以分别列出隐式格式下，时间步长 $\Delta\tau$ 的一阶导、空间步长 Δx 的一阶导和二阶导：

$$\frac{\partial t}{\partial \tau} = \frac{t_n^{i+1} - t_n^i}{\Delta \tau}$$

$$\frac{\partial t}{\partial x} = \frac{t_{n+1}^{i+1} - t_n^{i+1}}{\Delta x}$$

$$\frac{\partial^2 t}{\partial x^2} = \frac{(t_{n+1}^{i+1} - t_n^{i+1}) - (t_n^{i+1} - t_{n-1}^{i+1})}{\Delta x^2}$$

23.5　构建迭代方程组

23.5.1　显式格式

将显式差商代入原微分方程，总结出以下迭代式：

$$\begin{cases} t_n^{i+1} = (1-2r) \cdot t_n^i + r \cdot t_{n-1}^i - r \cdot t_{n+1}^i & (0 \leqslant i \leqslant I-1; 2 \leqslant n \leqslant N-1) \\ t_N^i = g_1^i, t_1^i = g_2^i & (0 \leqslant i \leqslant I-1) \\ t_n^0 = g_3^n & (2 \leqslant n \leqslant N-1) \end{cases}$$

式中：g_1、g_2、g_3 分别为初始边界条件；r 为网格比 $\dfrac{\Delta\tau}{\Delta x^2}$。通过上式可以根据初始的边界条件，迭代求得每个结点的近似值 t_n^i。

23.5.2　隐式解法分析

将时间划分为 I 个单位时刻，将空间划分为 N 个单位长度，空间网格线与时间网格线的交点 (n,i) 表示时间-空间区域中的一个结点的位置，将该处相应的温度记为 t_n^i。如图 23.1

所示，A、D、E 代表第 n 个微元层分别在第 i、$i+1$、$i-1$ 的时间结点上的温度；B、A、C 分别为第 i 个时间结点上第 $n-1$、n、$n+1$ 微元层的温度。将以上三式代入原偏微分方程，则有

$$\frac{t_n^{i+1} - t_n^i}{\Delta \tau} = a \cdot \frac{(t_{n+1}^{i+1} - t_n^{i+1}) - (t_n^{i+1} - t_{n-1}^{i+1})}{\Delta x^2}$$

令 $r = a \cdot \dfrac{\Delta \tau}{\Delta x^2}$，可以化简为如下表达式：

$$(1+2r) \cdot t_n^{i+1} - r \cdot t_{n+1}^{i+1} - r \cdot t_{n-1}^{i+1} = t_n^i$$

联合其边值条件，得到以下差分方程：

$$\begin{cases} (1+2r) \cdot t_n^{i+1} - r \cdot t_{n-1}^{i+1} - r \cdot t_{n+1}^{i+1} = t_n^i & (0 \leqslant i \leqslant I-1; 2 \leqslant n \leqslant N-1) \\ t_N^i = g_1^i, \quad t_1^i = g_2^i & (0 \leqslant i \leqslant I-1) \\ t_n^0 = g_3^n & (2 \leqslant n \leqslant N-1) \end{cases}$$

式中：g_1、g_2、g_3 分别为初始边界条件，由初始的边界条件即可迭代求得每个结点的近似值 t_n^i。表示成矩阵等式如下：

$$\begin{pmatrix} 1+2r & -r & & & & & \\ -r & 1+2r & -r & & & & \\ & -r & 1+2r & -r & & & \\ & & \ddots & \ddots & \ddots & & \\ & & & -r & 1+2r & -r & \\ & & & & -r & 1+2r & -r \\ & & & & & -r & 1+2r \end{pmatrix} \cdot \begin{pmatrix} t_1^{i+1} \\ t_2^{i+1} \\ t_3^{i+1} \\ \vdots \\ t_{n-1}^{i+1} \\ t_n^{i+1} \end{pmatrix} = \begin{pmatrix} t_1^i \\ t_2^i \\ t_3^i \\ \vdots \\ t_{n-1}^i \\ t_n^i \end{pmatrix}$$

即 $A \cdot x_{i+1} = x_i$ 格式，求解这类方程组传统采用直接求逆的方法，虽然便于求解，但是在实际问题中问题规模普遍较大，时间复杂度可高达 $o(n^4)$，不建议使用。王礼广等（2008）在其文中采用了追赶法来解五对角矩阵的方程组，本文将其构造进行修改，使其可以求解三对角矩阵的方程组，该问题构建的方程组中的系数矩阵 A 在数学中是非常特殊的三对角矩阵，同时因为

$$|1+2r| > 2r$$

所以系数矩阵为严格对角占优矩阵，可以通过追赶法来计算这个 n 元一次方程组，从而大大降低解方程所需的时间复杂度。易知，当 A 为上对角矩阵或下对角矩阵时，该方程就会变得非常简单，可以通过边界进行高斯消元，然后依次迭代进行求解。

因此，本文的目标就是尽量把左端现有的矩阵化为上对角矩阵或下对角矩阵。由克劳特分解定理知三对角矩阵有如下分解，将其与原矩阵进行比较，就可以算出新划分的两个矩阵每个元素对应的系数与原矩阵元素的关系。

$$A = \begin{pmatrix} p_1 & & & & & & \\ -r & p_2 & & & & & \\ & -r & p_3 & & & & \\ & & \ddots & \ddots & & & \\ & & & -r & p_{n-2} & & \\ & & & & -r & p_{n-1} & \\ & & & & & -r & p_n \end{pmatrix} \cdot \begin{pmatrix} 1 & q_1 & & & & & \\ & 1 & q_2 & & & & \\ & & 1 & q_3 & & & \\ & & & \ddots & \ddots & & \\ & & & & 1 & q_{n-2} & \\ & & & & & 1 & q_{n-1} \\ & & & & & & 1 \end{pmatrix} = PQ$$

将乘积后的矩阵与原矩阵进行比较就可以得到如下关系：

$$\begin{cases} p_1 = 1 + 2r \\ q_i = -r / p_i \\ p_{i+1} - r \cdot q_i = 1 + 2r \end{cases}$$

则可将原来的系数矩阵拆分成两个矩阵的乘积，如果令 $y = Q \cdot x$，则可以将解三对角方程组 $PQ \cdot x_{i+1} = x_i$ 转化为求解两个三角形方程，且每个方程的系数矩阵均为上三角或下三角矩阵，所以可以直接用迭代解出：

$$P \cdot y = x_i \Rightarrow Q \cdot x_{i+1} = y$$

接下来单独分析方程组的每个方程，首先分析 $P \cdot y = x_i$。

（1）解

$$Q \cdot y = T^i$$

可以得到以下关系：

$$\begin{cases} y_n = T_n^i \\ y_{j-1} + q_j \cdot y_j = T_j^i \quad (j = 1, 2, \cdots, n) \end{cases}$$

（2）运用已经解得的 y，计算下一个时段每个单元 $P \cdot x_n = y$ 的数值解：

$$P \cdot T^{i+1} = y$$

可以得到以下关系：

$$\begin{cases} T_n^{i+1} = y_1 / p_1 \\ T_j^{i+1} = (y_j + r \cdot T_{j-1}^{i+1}) / p_j \quad (j = 1, 2, \cdots, n) \end{cases}$$

综上所述，可以得到如下迭代式，依靠以下迭代式即可迭代求解出网格中每个结点对应的数值解：

$$\begin{cases} y_n = T_n^i \\ y_{j-1} = T_j^i - q_j \cdot y_j \quad (j = 1, 2, \cdots, n) \end{cases} \Rightarrow \begin{cases} T_1^{i+1} = y_1 / p_1 \\ T_j^{i+1} = (y_j + r \cdot T_{j-1}^{i+1}) / p_j \quad (j = 1, 2, \cdots, n) \end{cases}$$

23.6　数　值　实　验

为了比较这两种差分格式求解问题之间的差别，使用比较简单的微分方程模型的解析解。冯立伟（2011）使用的偏微分方程如下所示，其求得了准确的解析解，并与数值解进行对比，获得了很高的精度，所以本文应用上述有限差分方法所得到的数值解，与史策（2009）求得的解析解进行对比，判断差分格式的优劣：

$$\begin{cases} \dfrac{\partial t}{\partial \tau} = \dfrac{\partial^2 t}{\partial x^2} & (0 \leqslant \tau \leqslant T; 0 \leqslant x \leqslant 1) \\[2mm] t_0^\tau = 0 & (0 \leqslant \tau \leqslant T) \\[2mm] t_1^\tau = 0 & (0 \leqslant \tau \leqslant T) \\[2mm] t_x^0 = \sin(\pi x) & (0 \leqslant x \leqslant 1) \end{cases}$$

在冯立伟（2011）"热传导方程几种差分格式的 Matlab 数值解法比较"中，计算得到解析解：

$$t(x, \tau) = \mathrm{e}^{-\pi^2 \tau} \sin(\pi \tau)$$

同时，为了方便看出与解析解之间的区别，选取在不同网格比下均方误差的大小来加以比较。当网格比 r 为 0.5 时，图像如图 23.2 所示，其中横坐标为 x，纵坐标为均方误差。

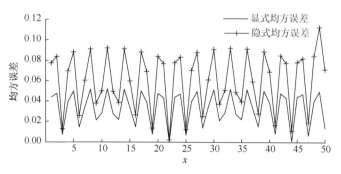

图 23.2　均方误差的影响（$r = 0.5$）

当网格比 r 为 1 时，显式均方误差如表 23.1 所示。

表 23.1　显式均方误差

x	显式均方误差
1	0.0443
2	∞
3	∞
4	∞
5	∞

综上所述，当网格比大于 0.5 时，显式差分方法出现振荡，导致出现误解，而隐式解法的稳定性依旧良好。网格比为 0.5 以下时，隐式解法的均方误差平均比显式解法的均方误差要小，说明隐式解法在解的准确性上要更优。运用隐式格式对题目的偏微分方程进行求解，得到温度分布关于时间和空间位置的二维图像，如图 23.3 所示。

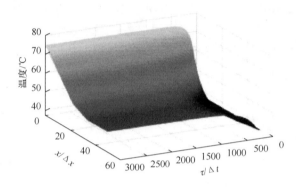

图 23.3　温度在时间和空间上的分布

23.7　待定系数法对差分格式进行改进

下面对差分格式进行改进，虽然隐式格式具有良好的稳定性，且均方误差比显式格式较小，但是由于每次迭代都需要解高维代数方程组，程序的运行效率低下。本文对显式差分格式进行改进，使其在解高维线性方程组时，稳定性更强，均方误差更小。

23.7.1　格式的构造

因为隐式的缺点在于在差分方程组中引入了相邻微元层的下一时刻的未知变量，所以为了避免这个缺点，本文基于刘儒勋（1994）使用待定系数法对双曲线型偏微分方程求解方法进行改进的启发，改进过程如下：

$$\frac{\partial t}{\partial \tau} = a\frac{\partial^2 t}{\partial x^2}$$

对原微分方程构造具有多个待定参数的差分格式：

$$A\frac{t_n^{i+1}-t_n^i}{\Delta \tau} + B\frac{t_n^i-t_n^{i-1}}{\Delta \tau} = \frac{a}{\Delta x^2}(t_{n+1}^i + t_{n-1}^i + Ct_n^{i+1} + Dt_n^i + Et_n^{i-1})$$

为了使其与原来的微分方程保持形式一致性，待定系数必须满足：

$$\begin{cases} A+B=1 \\ C+D+E=-2 \end{cases}$$

利用傅里叶方法对这个含有待定系数的差分格式进行稳定性分析，令

$$t_n^l = \lambda^l \mathrm{e}^{\mathrm{i}2\pi n}$$

代入该差分格式可得

$$\lambda^l e^{i2\pi n}\left[A(\lambda-1)+B\left(1-\frac{1}{\lambda}\right)\right]=2r\lambda^l e^{i2\pi n}\cos(kx)+r\lambda^l e^{i2\pi n}\left(C\lambda+D+E\frac{1}{\lambda}\right)$$

进一步将其简化为

$$(A-rC)\lambda^2+[B-A-rD-2r\cos(kx)]\lambda-B-rE=0$$

对于这样的一个含有 6 个待定系数的二次方程来说，确定特征值的范围非常困难，所以为了简化问题，令 $A=B$, $D=0$：

$$\left(\frac{1}{2}-rC\right)\lambda^2-2r\cos(kx)\lambda-\frac{1}{2}-rE=0 \quad (C+E=-2)$$

为了判别增长系数 λ 是否严格小于 1，下面引入一个引理：设 $A>0$，则实系数方程 $Ax^2+Bx+C=0$ 两根的模小于等于 1 且至少有一个小于 1 的充分必要条件为

$$\begin{cases} A-C>0 \\ A+C>0 \\ A+B+C\geqslant0 \\ A-B+C\geqslant0 \end{cases}$$

将得到的二次方程组代入上述条件可以得到以下不等式：

$$\begin{cases} \frac{1}{2}-rC+\frac{1}{2}+rE>0 \\ \frac{1}{2}-rC-\frac{1}{2}-rE>0 \\ \frac{1}{2}-rC-2r\cos(kx)-\frac{1}{2}-rE>0 \Rightarrow \begin{cases} 1+r(E-C)>0 \\ E+C=2 \end{cases} \Rightarrow E>-1-\frac{1}{2r} \\ \frac{1}{2}-rC+2r\cos(kx)-\frac{1}{2}-rE>0 \\ C+E=-2 \end{cases}$$

由于网格比的选取范围是 $(0,+\infty)$，通过放缩可以得到 E、C 的确切可取范围：

$$\begin{cases} -1\leqslant E\leqslant0 \\ -2\leqslant C\leqslant-1 \end{cases}$$

如果选择 $C=-1, E=-1$，差分形式可以变为著名的 Dufort-Frankel 格式：

$$\frac{t_n^{i+1}-t_n^{i-1}}{2\Delta\tau}=\frac{a}{\Delta x^2}(t_{n+1}^i+t_{n-1}^i-t_n^{i+1}-t_n^{i-1})$$

当 $C=-2, E=0$ 时，差分形式为

$$\frac{t_n^{i+1}-t_n^{i-1}}{2\Delta\tau}=\frac{a}{\Delta x^2}(t_{n+1}^i+t_{n-1}^i-2t_n^{i+1})$$

但是这里使用的是差分的二层格式，如果想要更加简化问题，在取系数的时候可以选择将第二层信息的系数取为 0，即 $B=0, E=0$，则可以得到 $A=1, C+D=-2$，代入原二次方程中得

$$(1-rC)\lambda^2-[1+rD+2r\cos(kx)]\lambda=0 \quad (C+D=-2)$$

方程的根为

$$\lambda = 0 \text{ 或 } \frac{1 + 2r\cos(kx) + rD}{1 - rC}$$

为了使特征方程的根的绝对值小于等于 1，则有以下不等式：

$$rC - 1 \leqslant 1 + 2r\cos(kx) + rD \leqslant 1 - rC$$

即

$$C - D \leqslant \frac{2}{r} - 2\cos(kx)$$

因为网格比的选取范围是 $(0, +\infty)$，通过放缩可以得到：

$$\begin{cases} C - D \leqslant -2 \\ C + D = -2 \end{cases} \Rightarrow \begin{cases} C = -2 \\ D = 0 \end{cases}$$

所以双层四点恒稳定格式构造如下：

$$\frac{t_n^{i+1} - t_n^i}{\Delta \tau} = \frac{a}{\Delta x^2}(t_{n+1}^i + t_{n-1}^i - 2t_n^{i+1})$$

23.7.2 改进格式的均方误差分析

通过上述对系数指定的特定常数，得到如下三种基础的改进格式。

（1）双层差分：

$$\frac{t_n^{i+1} - t_n^i}{\Delta \tau} = \frac{a}{\Delta x^2}(t_{n+1}^i + t_{n-1}^i - 2t_n^{i+1})$$

（2）三层差分：

$$\frac{t_n^{i+1} - t_n^{i-1}}{2\Delta \tau} = \frac{a}{\Delta x^2}(t_{n+1}^i + t_{n-1}^i - 2t_n^{i+1})$$

（3）Dufort-Frankel 格式：

$$\frac{t_n^{i+1} - t_n^{i-1}}{2\Delta \tau} = \frac{a}{\Delta x^2}(t_{n+1}^i + t_{n-1}^i - t_n^{i+1} - t_n^{i-1})$$

改进的差分格式的均方误差随网格比变化的曲线如图 23.4 所示，可以发现 Dufort-Frankel 格式虽然稳定，但是只有在网格比接近于 0.5 时均方误差最小，依然受到很多外界条件的限制，而本文提出的改进格式（1）双层差分、（2）三层差分，在网格比趋

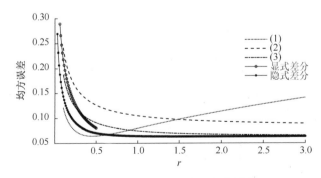

图 23.4　均方误差随网格比变化趋势

于无穷的时候均方误差趋于一个定值,（2）的均方误差普遍小于（1）的均方误差,符合信息量越大、均方误差越小的准则。

与前面显式差分格式的截断均方误差相反,改进的差分格式的截断均方误差与网格比 r 成正比,下面来分析这种改进过后的差分格式的截断误差：

$$t_\tau'\Delta\tau+\frac{1}{2}t_{\tau\tau}''\Delta\tau^2+o(\Delta\tau^2)=r\left\{t_{xx}''\Delta x^2+\frac{2}{4!}t_{xxxx}^{(4)}\Delta x^4+o(\Delta x^4)-2\left[t_\tau'\Delta\tau+\frac{1}{2}t_{\tau\tau}''\Delta\tau^2+o(\Delta\tau^2)\right]\right\}$$

式中：t_τ' 为 t 对 τ 的一阶偏导；$t_{\tau\tau}''$ 为 t 对 τ 的二阶偏导；t_{xx}'' 为 t 对 x 的二阶偏导；$t_{xxxx}^{(4)}$ 为 t 对 x 的四阶偏导。化简得到截断误差为

$$t_\tau'-at_{xx}''=-\frac{2rat_{xx}''}{2r+1}+\frac{2at_{xxxx}^{(4)}\Delta x^2}{4!(2r+1)}+o(\Delta x^2)-\frac{1}{2}t_{\tau\tau}''\Delta\tau+o(\Delta\tau)$$

可以发现数值耗散误差项与 r 成反比,与图像上的趋势一致。因此,格式（1）、（2）适合当网格比大于 1 时使用,而格式（3）适合当网格比小于 1 时使用。

23.7.3　变系数差分格式

回到改进措施一开始,如果不给 B、E 选择一个固定的值,而是通过最大均方误差找出最合适待定系数与网格比的关系,可以构建一种自适应的恒稳定差分格式：

$$\frac{t_n^{i+1}-t_n^{i-1}}{2\Delta\tau}=\frac{a}{\Delta x^2}(t_{n+1}^i+t_{n-1}^i+At_n^{i+1}+Bt_n^{i-1}),\qquad\begin{cases}-2\leqslant A\leqslant-1\\A+B=-2\end{cases}$$

在不同网格比下寻找误差最小的系数取值,图 23.5 为最佳系数 A 与网格比 r 的曲线图。

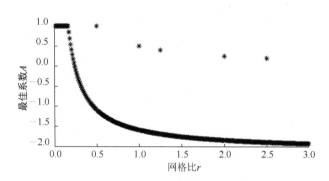

图 23.5　最佳系数 A 与网格比 r 的曲线图

通过拟合,得到 A 关于 r 的分段函数关系：

$$A=\begin{cases}-1 & (0<r<0.39)\\0.52r^{-0.97}-2.24 & (0.39\leqslant r\leqslant2.17)\\-2 & (r>2.17)\end{cases}$$

如此可以得到自适应差分格式：

$$t_n^{i+1}-t_n^{i-1}=2r\left\{t_{n+1}^i+t_{n-1}^i+A(r)t_n^{i+1}+[-2-A(r)]t_n^{i-1}\right\}$$

23.7.4 均方误差分析

将该格式与上述格式进行对比，如图 23.6 所示。

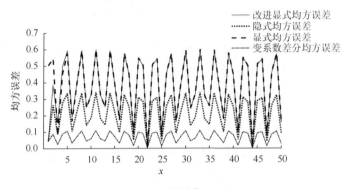

图 23.6　均方误差图像（$r=0.01$）

当 r 取 5 时，均方误差图像的显式解已经出现振荡，而新构造的差分格式在网格比较高时有较好的精确度，但在网格比较低时均方误差较高，当 r 取值非常大时，均方误差将非常接近隐式格式。

图 23.7 为在特定网格比下均方误差关于 x 的变化，图 23.8 给出了不同格式下网格比与均方误差的函数图像。

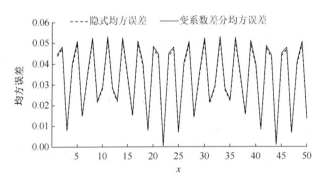

图 23.7　均方误差变化（特定网格比 $r=5$）

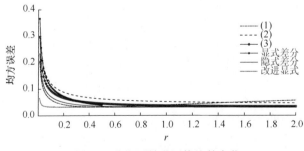

图 23.8　均方误差随网格比的变化

可以明显发现，本文新提出的这种差分格式很好地融合了之前三种的优点，对于网格比的取值范围要求更小，同时得到的数值解均方误差相比于显式格式更加稳定。

23.7.5 采用改进格式后的结果及比较

运用改进过后的变系数显式差分格式，对题目的偏微分方程进行求值，得到温度分布关于时间和空间位置的二维图像，如图 23.9 所示。

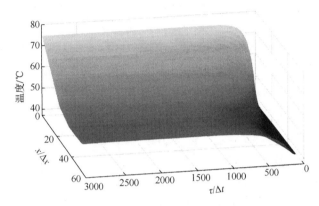

图 23.9 温度关于时间和空间的分布

与隐式格式解的差的平均值见表 23.2。

表 23.2 显式格式解与隐式格式解的差的平均值

τ/s	1	2	3	4	5	6	7	8
平均值	0	0	0.00 032	0.000 327	0.00 046	0.01 925	0.000 483	0.000 571

虽然无法得知最后的数值解是否能反映真实情况，但是从运用不同差分格式得到结果的均方误差的接近程度来看，结果具有很高的可信度。

23.8 总 结

求解效率的提高是偏微分方程数值解法中的难题，一方面其依赖于计算机运行的速度，另一方面其依赖于数值方法或算法，而后者的选取对效率的影响更大。隐式解法中若用普通的高斯消解法，算法的复杂度会达到立方级，而追赶法的算法复杂度仅为平方级。不同方法的选取对大规模计算影响较大，所以研究高性能的数值理论方法及算法至关重要。选取合适的方法解决问题是数学求解的发展趋势，求解得更快、更精确，以及适应更复杂、规模更大的问题始终是值得研究的课题。

24 基于模糊 PID 控制的散热器设计

在基于传统 PID 控制的散热器系统中，存在着水热量不平衡的缺点，通过对散热器的机理进行分析并建模，引入模糊自适应整定的 PID 控制系统，将 PID 控制器的误差 e 和误差变化率 ec 模糊化后作为输入，经过模糊推理，得到 PID 控制系统三个参数的实时修正值 ΔK_P、ΔK_I、ΔK_D，输入 PID 控制器中，实现 PID 三个参数的实时动态调整。与常规的 PID 控制相比，模糊自适应整定 PID 控制器能够结合模糊控制的鲁棒性，在外界条件出现干扰因素时，充分发挥其非线性调节的能力，使整个控制系统达到最佳控制效果。

24.1 引   言

随着现代家居生活方式的改变和人们生活质量的提高，散热器采暖已经得到了多数家庭的认同。散热器的发明让人们的冬天不再寒冷，不仅高效舒适，而且十分符合现代人的生活和工作习惯，所以越来越多的人开始选择散热器采暖。但是如果散热器温度调节得不好，不仅会造成资源浪费，还可能导致着凉感冒。因此，应该特别关注这些情况，本文试图通过模糊 PID 控制来快速、准确地调节散热器温度，使室温处于稳定的状态，保障人们能够度过一个温暖舒适的冬天。

24.2 问题的分析

在基于传统 PID 控制的散热器系统中，存在着水热量不平衡、调节效果不好的缺点，这主要是散热器系统的非线性及传统 PID 控制的缺点造成的，为了解决这个问题，对散热器的机理进行了分析，并建立其模型，引入模糊控制，利用模糊 PID 控制在处理被控对象数学模型难以创建的、非线性、时变、滞后的、复杂的控制过程问题中的良好控制效果，来克服传统 PID 控制中存在的调节不及时等问题，使其具有良好的调节效果。

24.3 理 论 阐 述

24.3.1 模糊控制理论阐述

模糊控制就是利用模糊数学的基本理论，把输入量、输出量的变换范围用模糊集合表示，并将模糊规则存入计算机的知识库中，根据实际的模糊量输入进行模糊推理，得到相应的模糊量输出，最后通过解模糊得到精确量，并输出给执行机构，如电机、阀门或加热器等，达到较好的控制效果。

如图 24.1 所示，模糊控制器一般由以下四个模块组成：模糊化处理、模糊推理、知识库（模糊规则）、模糊计算。

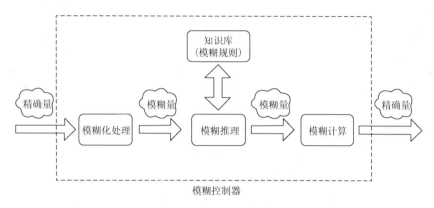

图 24.1　模糊控制器的组成

1. 模糊化处理

1）语言变量的选取

当一个变量的取值为数值时，这个变量就是传统数学体系描述的数值变量。例如，室外温度为 25℃，数值变量为"室外温度"，变量值为 25。当一个变量取普通语言中的词语为值时，则称该变量为语言变量。例如，室外温度很高，语言变量为"室外温度"，变量取值为"很高"。传统的数学体系不能描述语言变量。

在用语言变量描述对象时，通常用一个语言变量值的集合来全面描述对象的变化。例如，用"优、良、中、差"来描述一个学生的成绩；用"热、暖、冷、凉"来描述温度的高低。在描述误差及误差的变化率时，可以用"正（P）、零（Z）、负（N）"三个语言变量值来描述其大小。有时为了满足系统的要求，需要描述得更加精确，这时可以用"正大（PB）、正中（PM）、正小（PS）、零（Z）、负小（NS）、负中（NM）、负大（NB）"七个语言变量值来描述。

可见，对于一个语言变量来说，其取值越多，对事物的描述越全面、精确，系统的控制效果可能越好。那么是不是语言变量的取值越多，系统设计得越好呢？并不是，因为语言变量划分过细，会使模糊规则数量增加，使系统变得复杂，不容易实现。即使实现了上述复杂系统的设计，过多的模糊规则也会增加不必要的计算量，对于系统来说，尽管输出结果更加精确了，但是是以大量的计算和复杂的设计为代价的，因此在实际的模糊系统设计时，不需要将语言变量的取值设置过多，要兼顾细致性与规则的简单易行。通常将语言变量"误差"及"误差变化率"取值为"正大（PB）、正中（PM）、正小（PS）、零（Z）、负小（NS）、负中（NM）、负大（NB）"七个值即可满足控制要求。

2）基本论域与模糊集合论域

基本论域是指模糊控制器的精确量输入与输出的实际变化范围，如变量"温度"的基本论域为–20～40℃，它是有实际意义的，其数值代表实际温度值。把上述精确量模糊处理后得到的模糊集合的论域称为模糊集合论域，通常取为对称的形式，如{–3,–2,–1, 0,1,2,3}。模糊集合论域中的数值虽然也是精确量，但是其大小并不是实际温度值，而是其经过模糊处理后的对应值，目的是便于模糊控制器的处理。

对于模糊集合论域$\{-n,-n+1,\cdots,0,\cdots,n-1,n\}$来说，其 n 值的选择决定了系统的控制精度。论域中的元素个数越多，即 n 值越大，控制精度就越高，但是没有必要将 n 值取得过大。一般来说，将 n 值设置为语言变量值的个数，即模糊集合论域的元素个数为模糊子集总数的 2 倍左右时，模糊子集对论域的覆盖程度较好。例如，当语言变量"误差"取值为"正大（PB）、正中（PM）、正小（PS）、零（Z）、负小（NS）、负中（NM）、负大（NB）"七个值时，可以选择 n 值为 7，即模糊集合论域为{–7,–6,–5,–4,–3,–2,–1, 0,1,2,3,4,5,6,7}。

3）量化因子和比例因子

在模糊控制器的设计中，会遇到三个变化范围，也就是论域：第一个是模糊控制器输入量的实际变化范围，称为输入量基本论域；第二个是模糊控制器能够直接处理的输入、输出变量的范围，称为模糊集合论域（包括输入量的模糊集合论域、输出量的模糊集合论域）；第三个是执行机构能够接受的输出范围，称为输出量基本论域。其中，输入量基本论域和输入量模糊集合论域的匹配问题由量化因子完成，输出量模糊集合论域和输出量基本论域的匹配问题由比例因子完成，如图 24.2 所示。

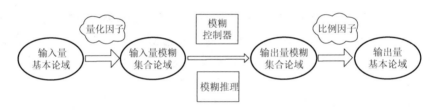

图 24.2　量化因子和比例因子

例如，输入量误差 e 的实际变化范围是$[a,b]$，输入量模糊集合论域为$[-n,n]$，某一时刻输入误差 e 值为 x，求其对应的模糊集合论域值 y 的变换式为

$$y = \frac{2n}{b-a}\left(x - \frac{a+b}{2}\right)$$

其中，$\dfrac{2n}{b-a}$ 称为误差信号的量化因子，记 k_e。特别地，当输入量基本论域对称，即$|a|=|b|$时，$y = \dfrac{n}{b}x\ (b>0)$。

又如，输出量模糊集合论域为$[-m,m]$，输出量 K_p 的实际变化范围是$[c,d]$，某一时刻模糊控制器输出量为 x，求其对应的实际输出值 y 的变换式为

$$y = \frac{d-c}{2m}x + \frac{c+d}{2}$$

其中，$\dfrac{d-c}{2m}$ 称为输出信号的比例因子，记作 k_u。特别地，当输出量基本论域对称，即 $|c|=|d|$ 时，$y=\dfrac{d}{m}x\ (d>0)$。

4）隶属函数的选择

在模糊数学中，对于论域 U 中的任意一个元素 x，都有一个数 $\mu(x)\in[0,1]$ 与之对应，这里的 $\mu(x)$ 称为模糊集合 A 的隶属函数。并且隶属度 $\mu(x)$ 越接近 1，表示 x 属于模糊集合 A 的程度越高。模糊控制中的隶属函数的选择没有统一的标准，它取决于控制对象的实际情况、设计要求及复杂程度等。对于不同的模糊子集，可以选择不同的隶属函数，以提高模糊控制器的辨别效果。

在 MATLAB 中已经开发出了 11 种隶属函数，即双 S 形隶属函数、联合高斯型隶属函数、高斯型隶属函数、广义钟形隶属函数、Ⅱ型隶属函数、双 S 形乘积隶属函数、S 状隶属函数、S 形隶属函数、梯形隶属函数、三角形隶属函数、Z 形隶属函数。下面详细介绍其中应用较多的三种隶属函数。

第一种，S 形隶属函数。

S 形函数 $f(x,a,c)$ 由参数 a 和 c 决定：

$$f(x,a,c)=\frac{1}{1+\mathrm{e}^{-a(x-c)}}$$

其中，参数 a 的正负符号决定了 S 形隶属函数的开口朝左或朝右，用来表示"正大"或"负大"的概念。MATLAB 表示为

$$\mathrm{sigmf(x,[a,c])}$$

第二种，三角形隶属函数。

三角形曲线的形状可由三个参数 a、b、c 确定：

$$f(x,a,b,c)=\begin{cases}0 & (x\leqslant a)\\ \dfrac{x-a}{b-a} & (a\leqslant x\leqslant b)\\ \dfrac{c-x}{c-b} & (b<x<c)\\ 0 & (x\geqslant c)\end{cases}$$

其中，参数 a 和 c 确定三角形的"脚"，参数 b 确定三角形的"峰"。MATLAB 表示为

$$\mathrm{trimf(x,[a,b,c])}$$

第三种，Z 形隶属函数。

这是基于样条函数的曲线，因其呈现 Z 形状而得名，参数 a 和 b 确定了曲线的形状。MATLAB 表示为

$$\mathrm{zmf(x,[a,b])}$$

5）建立语言变量赋值表

假设模型的输入语言变量为误差 e，其值取为 (PB,PM,PS,Z,NS,NM,NB)，模糊集合论域取为 $[-n,n]$，那么对于 $[-n,n]$ 中每一个精确的值，都可以由相应的隶属度函数计算出其对应于七个语言变量的隶属度，将它们之间的关系用表格的形式来表示，即误差 e 的语言

变量赋值表。同样，可以用相同的方法建立模型中其他语言变量的赋值表。

2. 模糊规则的建立

模糊规则是模糊控制模型中模糊推理的依据，它决定了模糊控制的效果，因此，模糊规则的制订起着相当重要的作用。模糊规则是根据长期的实际操作经验和大量的专家知识总结得到的，一般形式为一系列的条件语句，如"如果……，那么……"，或者"if…，then…"。

以语言变量误差 e 为例，当控制系统出现超调，即控制器的输出大于设定值（误差 e 为正）时，就需要减小控制器的输出，从而减小误差。那么一条简单的模糊规则即可表示为"如果误差 e 为正，那么输出 u 为负"。当然，实际的模糊控制系统中，模糊规则会复杂得多。例如，当考虑到多输入多输出系统时，模糊规则的制订就必须更加详细，才能达到模糊控制系统的控制效果。

3. 模糊推理

假设模糊控制系统中的输入语言变量为误差 e 和误差变化率 ec，输出语言变量为输出 u，它们均选取 (PB,PM,PS,Z,NS,NM,NB) 七个语言变量值，那么相应的模糊规则就有 49 条，这 49 条模糊规则构成了 49 个模糊关系，记作 $R_i(i=1,2,\cdots,49)$，那么控制系统总的模糊关系就是

$$R = R_1 \cup R_2 \cup \cdots \cup R_{49} = \bigcup_{i=1}^{49} R_i$$

建立了系统的模糊关系 R 后，就可以根据模糊合成来求输出 U。若给定两个输入语言变量的模糊子集为 E 和 EC，那么输出语言变量的模糊集合 U 为

$$U = (E \times EC) \circ R$$

4. 模糊计算

与模糊化相反，模糊计算时将模糊推理得到的结论转换为作为控制器输出的精确值 u 的过程，常用的模糊计算方法有以下几种：最大隶属度法、重心法、加权平均法。下面以最大隶属度法为例来介绍模糊计算的思想。

1）最大隶属度原则有效度指标

模糊综合评价中，根据评语集 B 进行综合评价是模糊综合评价的核心内容。对于多评语等级评价，评语集 B 是关于多级评语的隶属度向量，通常采用最大隶属度原则对其处理，得到最终的评判结果。而对于评语集 $B = (b_1, b_2, \cdots, b_n)$，$\sum_{i=1}^{n} b_i = 1$，最大隶属度原则有效度的相对指标定义为

$$\alpha = \frac{n\beta - 1}{2\gamma(n-1)}$$

式中：$\beta = \max_{1 \leq i \leq n}\{b_i\}$；$\gamma = \max_{1 \leq j \leq n, j \neq i}\{b_j\}$。

（1）当 $\alpha = +\infty$ 时，施行最大隶属度原则完全有效。

（2）当 $1 \leqslant \alpha < +\infty$ 时，施行最大隶属度原则非常有效。

（3）当 $0.5 \leqslant \alpha < 1$ 时，施行最大隶属度原则比较有效。

（4）当 $0 < \alpha < 0.5$ 时，施行最大隶属度原则最低效。

（5）当 $\alpha = 0$ 时，施行最大隶属度原则完全失效。

最大隶属度原则有效度 α 指标可以说明施行最大隶属度原则判别的相对置信程度，为评价结果的合理性提供了定量化描述。

2）隶属度定量化处理

对于模糊综合评价所得评语集 B，由于评语集 B 具有模糊性，根据最大隶属度原则得出的评价结果较为粗糙，且可能存在失效的情况，需要对评语进行定量化处理。定量化处理的过程是根据各评语所代表的分值区间，计算最后评语最高得分 $S_{高}$、最低得分 $S_{低}$ 和中间得分 $S_{中}$，再根据分值来评价最终的结果。由上述计算原则可知 $S_{高} \sim S_{低}$ 为质量评价结果所处分值区间，为此计算区间长度 $L = S_{高} - S_{低}$，$L_i (i = 1, 2, 3, 4)$ 为质量评估结果区间所处优、良、合格及不合格区间长度，计算评估结果在各个区间的概率，为

$$P_i = \frac{L_i}{L} \ (i = 1, 2, 3, 4)$$

根据各得分区间概率 P_i 判断评估结果质量等级。

24.3.2　PID 控制理论阐述

PID 是通过 P（比例）、I（积分）、D（微分）三个参数来实现这一个控制过程的方法，它的三个参数介绍如下。

1）比例控制

比例控制是一种最简单的控制方式。其控制器的输出与输入误差信号呈比例关系。当仅有比例控制时，系统输出存在稳态误差。

2）积分控制

在积分控制中，控制器的输出与输入误差信号的积分呈正比关系。为了消除稳态误差，在控制器中必须引入"积分项"。积分项对误差的影响取决于时间的积分，随着时间的增加，积分项会增大。这样，即便误差很小，积分项也会随着时间的增加而加大，它推动控制器的输出增大，使稳态误差进一步减小，直到接近于零。因此，比例+积分（PI）控制器，可以使系统在进入稳态后几乎无稳态误差。

3）微分控制

在微分控制中，控制器的输出与输入误差信号的微分（即误差的变化率）呈正比关系。自动控制系统在克服误差的调节过程中可能会出现振荡甚至失稳。其原因是存在有较大惯性组件（环节）或有滞后组件，具有抑制误差的作用，其变化总是落后于误差的变化。解决的办法是引入微分作用，使抑制误差的作用的变化"超前"，以提前减小误差。

PID 算法的一般形式如图 24.3 所示。

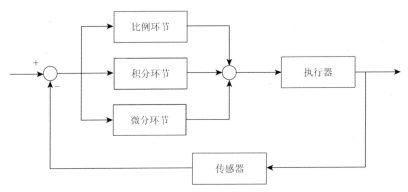

图 24.3   PID 算法的一般形式

24.3.3   模糊 PID 控制理论阐述

想要把传统 PID 控制的三个参数调到一个比较合适的值是很困难的，因此有没有可能借助计算机强大的计算能力，代替人工调参的过程，使系统每时每刻都能够根据当前的状态，自动调节 PID 参数呢？这就用到了之前阐述的模糊控制的思想，把系统的响应周期分割成许多小的时间段，对于每一个时间段来说系统都有一个特定的状态（即此时的误差 e 和误差变化率 ec），将此状态作为模糊控制器的输入，以 PID 的三个参数 K_P、K_I、K_D 作为其输出，输出至 PID 控制系统，再由 PID 系统经过计算后得到最终输出，这样便将 PID 控制和模糊控制完美地结合了起来。

需要注意的几点是：

（1）整个系统中 PID 控制为主，模糊控制为辅；

（2）传统 PID 控制的整个响应过程中，K_P、K_I、K_D 三个参数是始终不变的，而模糊 PID 控制系统中，三个参数每时每刻都在改变，其改变量由模糊控制系统决定；

（3）模糊控制模块的输入为误差 e 和误差变化率 ec，输出为 PID 的三个参数 K_P、K_I、K_D；

（4）PID 模块的输入为误差 e、误差变化率 ec，以及三个参数 K_P、K_I、K_D 的值，输出即整个系统的输出。

它们之间的输入输出关系可由图 24.4 表示。

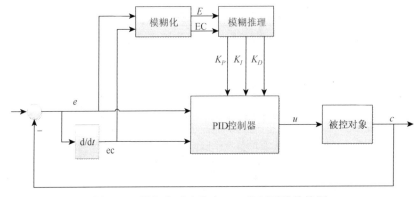

图 24.4   模糊自适应整定 PID 控制系统结构图

模糊自适应整定 PID 控制的优点是，在传统 PID 控制的基础上引入了模糊控制，能够弥补传统 PID 控制在大滞后、非线性等问题上的不足，在没有精确的数学模型的前提下，使系统达到很高的控制精度，具有较小的超调量、较短的调节时间和良好的动态性能。两种控制方法的结合，使系统既具有 PID 控制的快速性和灵活性，又具有模糊控制鲁棒性强的优点。

24.4　模糊自适应整定 PID 控制器的设计

下面就以散热器系统为例，简述模糊自适应整定 PID 控制器的设计方法。

24.4.1　建立被控对象的数学模型

首先需要建立被控对象的数学模型，即散热器储热水箱的传递函数。通过对散热器储热水箱内部结构的分析，可得散热器的供热管道分布图，如图 24.5 所示。

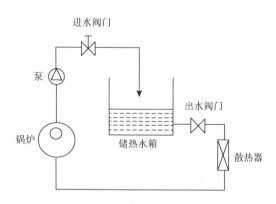

图 24.5　供热管道分布图

考虑散热器表面与空气的对流换热和空气热辐射，以及储热水箱进入散热器中的热量，可以计算出被控对象的数学模型为

$$G(s) = \frac{133}{s(s+25)}$$

式中：$s = \mathrm{j}w$，表示拉普拉斯变换。

24.4.2　模糊 PID 控制系统的建立

PID 控制系统的建立只需通过 MATLAB 编程即可实现，所以接下来主要阐述模糊 PID 控制系统的建立。

1. 模糊化处理

本系统需要两个输入语言变量，即误差 e 和误差变化率 ec；三个输出语言变量，即 PID 控制系统的三个参数 K_P、K_I、K_D。

根据实际需要，选用适当的模糊集对输入语言变量 e 和 ec 进行模糊化，处理结果如图 24.6 所示。

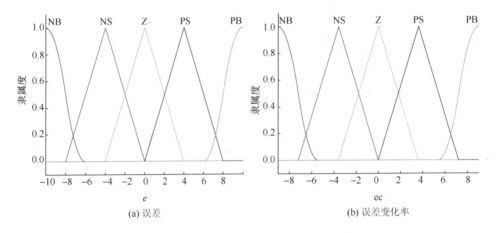

(a) 误差　　　　　　　　　　　　(b) 误差变化率

图 24.6　输入语言变量模糊化

（1）误差 e、误差变化率 ec 划分为 5 个模糊集：负大（NB）、负小（NS）、零（Z）、正小（PS）、正大（PB）。

（2）e 的模糊集合论域取为[-10，10]，ec 的模糊集合论域为[-9，9]。

（3）两者的隶属度函数的选取情况相同，具体如下。

负大（NB）：Z 形隶属函数。

负小（NS）、零（Z）、正小（PS）：三角形隶属函数。

正大（PB）：S 形隶属函数。

经过以上模糊化处理，就建立起了离散化后的精确量与模糊语言变量的一种模糊关系，这种关系用表格的形式呈现，即得到语言变量 e 和 ec 的赋值表，如表 24.1 和表 24.2 所示。

表 24.1　误差 e 的语言变量赋值表

隶属度		变化等级										
		−10	−8	−6	−4	−2	0	2	4	6	8	10
模糊集	PB	0	0	0	0	0	0	0	0	0	0.4	1
	PS	0	0	0	0	0	0	0.5	1	0.5	0	0
	Z	0	0	0	0	0.5	1	0.5	0	0	0	0
	NS	0	0	0.5	1	0.5	0	0	0	0	0	0
	NB	1	0.4	0	0	0	0	0	0	0	0	0

表 24.2　误差变化率 ec 的语言变量赋值表

隶属度		变化等级									
		−9	−8	−6	−4	−2	0	2	4	6	8	9
模糊集	PB	0	0	0	0	0	0	0	0	0.1	0.4	1
	PS	0	0	0	0	0	0	0.5	1	0.5	0	0
	Z	0	0	0	0	0.5	1	0.5	0	0	0	0
	NS	0	0	0.2	0.8	0.5	0	0	0	0	0	0
	NB	1	0.8	0.1	0	0	0	0	0	0	0	0

用同样的方法对输出语言变量进行模糊化处理，结果如图 24.7 所示。

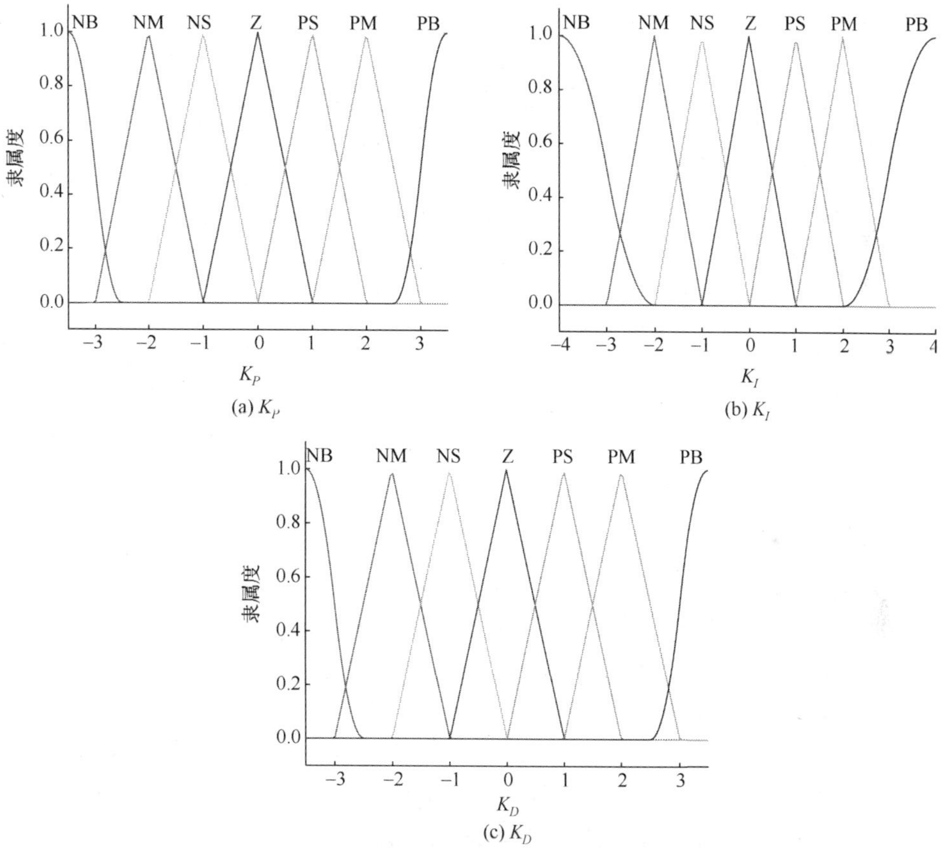

图 24.7　输出语言变量模糊化

（1）将输出量 K_P、K_I、K_D 划分为 7 个模糊集：正大（PB）、正中（PM）、正小（PS）、零（Z）、负小（NS）、负中（NM）、负大（NB）。

（2）K_P、K_D 的模糊集合论域为[−3.5，3.5]，K_I 的模糊集合论域为[−4，4]。

（3）隶属度函数的选取仍与输入语言变量大致相同，即两边的语言变量值选为 Z 形隶属函数或 S 形隶属函数，中间的语言变量值选为三角形隶属函数。

输出语言变量 K_P、K_I、K_D 对应的模糊表如表 24.3 和表 24.4 所示。

表 24.3　语言变量 K_P、K_D 对应的模糊表

隶属度		变化等级								
		−3.5	−3	−2	−1	0	1	2	3	3.5
模糊集	PB	0	0	0	0	0	0	0	0.4	1
	PM	0	0	0	0	0	0	1	0	0
	PS	0	0	0	0	0	1	0	0	0
	Z	0	0	0	0	1	0	0	0	0
	NS	0	0	0	1	0	0	0	0	0
	NM	0	0	1	0	0	0	0	0	0
	NB	1	0.4	0	0	0	0	0	0	0

表 24.4　语言变量 K_I 对应的模糊表

隶属度		变化等级								
		−4	−3	−2	−1	0	1	2	3	4
模糊集	PB	0	0	0	0	0	0	0	0.4	1
	PM	0	0	0	0	0	0	1	0	0
	PS	0	0	0	0	0	1	0	0	0
	Z	0	0	0	0	1	0	0	0	0
	NS	0	0	0	1	0	0	0	0	0
	NM	0	0	1	0	0	0	0	0	0
	NB	1	0.4	0	0	0	0	0	0	0

2. 建立模糊规则

经过大量的实际经验的总结，得到下列 25 条模糊规则：

（1）If $e=$ NB and $ec=$ NB，then $K_P=$ NB, $K_I=$ NB, $K_D=$ Z;

（2）If $e=$ NB and $ec=$ NS，then $K_P=$ NB, $K_I=$ NB, $K_D=$ PS;

（3）If $e=$ NB and $ec=$ Z，then $K_P=$ NM, $K_I=$ NM, $K_D=$ PM;

……

（25）If $e=$ PB and $ec=$ PB，then $K_P=$ NS, $K_I=$ PB, $K_D=$ NB。

根据（1）～（25）条规则，制成模糊控制表，如表 24.5 所示。

表 24.5　模糊控制表

e ＼ ec	NB	NS	Z	PS	PB
NB	NB、NB、Z	NM、NM、PM	…	…	…
NS	NB、NB、PS	NM、NS、PS	…	…	…
Z	NM、NM、PM	NM、NS、PS	…	…	…
PS	NS、NM、PB	…	…	…	…
PB	NS、NS、PB	…	…	…	…

利用编辑器的 View→Rules 和 View→Surface，得到模糊推理系统的输入输出特性曲面，如图 24.8 所示。

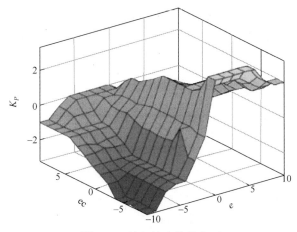

图 24.8　输入输出特性曲面

从图 24.8 中可以看出，输出变量 K_P、K_I、K_D 是关于两个输入变量 e、ec 的非线性函数，输入输出特性曲面越平缓、光滑，系统的性能越好。

完成上述工作之后，模糊控制系统即配置完成，模糊推理和解模糊两个环节在调用模糊系统时，计算机会自动实现，不需要人为配置。

3.　模糊推理系统整体结构图

如图 24.9 所示，模糊推理系统由 2 个输入、3 个输出、25 条模糊规则构成。将此系统通过 MATLAB 仿真建立，并与 PID 控制算法相结合，便得到模糊自适应整定 PID 控制系统。

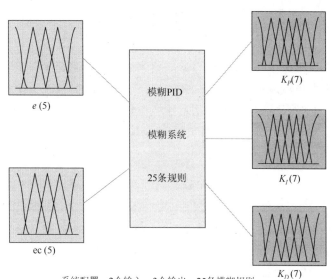

系统配置：2个输入，3个输出，25条模糊规则

图 24.9　模糊推理系统结构图

24.4.3　仿真结果分析

借助 MATLAB 分别对传统 PID 控制系统、模糊自适应整定 PID 控制系统进行仿真，在 $t = 0$ 时刻给定系统输入为 1，得到两个系统的阶跃响应曲线，如图 24.10 所示。

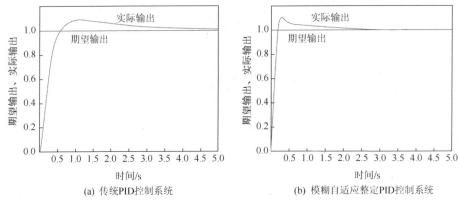

图 24.10　系统阶跃响应曲线对比图

如表 24.6 所示，传统 PID 控制系统的上升时间 t_r 为 0.554 s，调节时间 t_s 为 3.931 s（以 2%误差带计算），超调量 σ 为 9.05%；而模糊自适应整定 PID 控制系统的上升时间 t_r 为 0.186 s，调节时间 t_s 为 1.678 s（以 2%误差带计算），超调量 σ 为 10.86%。

表 24.6　动态性能指标对比

系统类型	上升时间 t_r/s	调节时间 t_s/s	超调量 σ/%
传统 PID 控制系统	0.554	3.931	9.05
模糊自适应整定 PID 控制系统	0.186	1.678	10.86

比较以上两个结果可以得出：模糊自适应整定 PID 控制系统的超调量略大于传统 PID 控制系统，但基本上可以忽略不计。而模糊自适应整定 PID 控制系统的上升时间和调节时间均比传统 PID 控制系统短得多，动态性能得到了很大程度的改善，可见引入了模糊控制后，系统的反应时间更快，且具有更好的动态性能。

24.5　总　　结

本文对基于传统 PID 控制的散热器存在的问题进行了分析，指出了其存在的问题，并阐述了模糊 PID 控制理论，设计了模糊自适应整定 PID 控制器，最后分析了其控制效果，经过与传统 PID 控制器的对比发现，模糊自适应整定 PID 控制器具有更好的动态性能，能够发挥更好的控制效果。

25 基于模糊规划的风险投资组合研究

传统的风险项目价值评估通常采用确定的数值来衡量风险指标,忽略了其模糊性。本文基于模糊规划思想,为平均收益率和风险损失率设定伸缩指标,从而将其模糊化。以收益最大和风险最小为目标,在两者同等重要的前提下,构造对称型双目标模糊规划模型。根据最大隶属度原则,利用 LINGO 软件对模型进行求解,得出投资组合方案。并且整合出针对不同类型投资者的投资组合方案,有效降低风险投资过程中平均收益率和风险损失率的模糊性对风险预估造成的负面影响。

25.1 引　　言

当前经济形势下,在科技成果投入高新技术企业的过程中,投资者进行风险资本投资是尤为重要的一步。相比于美国科技成果转化率已高达 80%,我国目前科技成果投入高新技术企业的转化率不足 20%,其中,风险投资业不发达是重要的制约因素。

如何在收益率和损失率具有模糊性的情况下得出最合适的投资方案成为解决风险投资问题的关键。模糊规划是处理这种带有模糊性的风险投资问题最合适的方案,将目标函数与约束条件模糊化,从而使人们能在贴近实际的条件下求得优化的极值,进而找到合适的投资方案。

25.2 数据来源与模型假设

数据来源于 1998 年全国大学生数学建模竞赛 A 题。为方便解决问题,提出以下假设:
(1)该公司投资数额相当大,即不考虑交易费对收益率的影响;
(2)该公司投资时无贷款或欠款;
(3)投资过程中不出现经济危机等突发状况,即数据不发生大幅度改变;
(4)各投资的风险相互独立。

25.3 风险投资方案的确定

25.3.1 研究思路

在风险投资问题中,平均收益率和风险损失率对最终收益均有影响,总希望在损失尽可能小的前提下得到更多的收益。但是在实际应用中,决定最终收益的平均收益率和风险损失率均是模糊的。因此,分别给平均收益率和风险损失率设定一个伸缩量,来表示这两个量的伸缩程度，从而将平均收益率和风险损失率模糊化，进行问题的求解。

由于本问题中主要考虑的是平均收益率和风险损失率对最终收益的影响，通过多方面的分析，使用双目标模糊规划模型来解决该问题。

25.3.2　建立双目标模糊规划模型

设购买 S_i 的金额为 x_i，所需的交易费为 $C_i(x_i)(i=1,2,\cdots,n)$。设存入银行的存款金额为 x_0，根据题意 $C_0(x_0)=0$。购买 S_i 时，交易费 $C_i(x_i)$ 可表示为

$$C_i(x_i)=\begin{cases}0 & (x_i=0)\\ p_iu_i & (0<x_i<u_i,\quad i=1,2,\cdots,n)\\ p_ix_i & (x_i\geqslant u_i)\end{cases} \tag{25.1}$$

式中：p_i 为交易费费率；u_i 为购买额给定值。

根据假设中投资数额巨大，x_i 远大于 u_i，不妨取 $C_i(x_i)=p_ix_i$。

投资所需资金为

$$F(\boldsymbol{x})=\sum_{i=0}^{n}C_i(x_i)+\sum_{i=0}^{n}x_i \tag{25.2}$$

由于约束条件具有模糊性，考虑可能出现最好和最坏的情况，引入平均收益率的伸缩指标 d_1 和风险损失率的伸缩指标 d_2，其中 $d_1>0,d_2>0$。

投资的平均收益率为 $\tilde{r}_i=[r_{0i},d_1]$，所以对 S_i 投资的收益为

$$\tilde{R}_i(x_i)=(1+\tilde{r}_i)x_i-[x_i+C_i(x_i)]=\tilde{r}_ix_i-C_i(x_i) \tag{25.3}$$

此时，$\boldsymbol{x}=(x_0,x_1,\cdots,x_n)^{\mathrm{T}}$ 的总收益为

$$\tilde{R}(\boldsymbol{x})=\sum_{i=0}^{n}\tilde{R}_i(x_i) \tag{25.4}$$

同理，投资的损失风险率为 $\tilde{q}_i=[q_{0i},d_2]$，则投资的风险为

$$\tilde{Q}(\boldsymbol{x})=\max_{1\leqslant i\leqslant n}\tilde{q}_ix_i \tag{25.5}$$

因此，根据收益最大和风险最小的原则可建立双目标优化模型，综合如下：

$$\max\tilde{R}(\boldsymbol{x})=\sum_{i=0}^{n}(1+\tilde{r}_i)x_i-M$$
$$\min\tilde{Q}(\boldsymbol{x})=\max_{1\leqslant i\leqslant n}\tilde{q}_ix_i \tag{25.6}$$
$$\text{s.t.}\begin{cases}\sum_{i=0}^{n}C_i(x_i)+\sum_{i=0}^{n}x_i=M\\ \tilde{r}_i=[r_{0i},d_1] & (i=0,1,\cdots,n)\\ \tilde{q}_i=[q_{0i},d_2]\\ x_i\geqslant 0\end{cases}$$

25.3.3 双目标模糊规划模型的求解

由于平均收益率和风险损失率已经模糊化，故在解决具体问题时，可以结合实际情况来设定约束条件的伸缩程度，进一步写出它们的隶属函数。

假设平均收益率的伸缩指标为 $d_1 = 0.1r_0$。构造平均收益率隶属函数为

$$\tilde{A}_1(x) = \begin{cases} 0 & (\tilde{r}_i \leqslant 0.9r_{0i}) \\ \dfrac{\tilde{r}_i - \min \tilde{r}_i}{\max \tilde{r}_i - \min \tilde{r}_i} & (0.9r_{0i} < \tilde{r}_i < 1.1r_{0i}) \\ 1 & (\tilde{r}_i \geqslant 1.1r_{0i}) \end{cases} \tag{25.7}$$

其中，$\tilde{r}_i = [r_{0i}, 0.1r_{0i}]$。

同理，假设风险损失率的伸缩指标为 $d_2 = 0.1q_0$。构造风险损失率隶属函数为

$$\tilde{A}_2(x) = \begin{cases} 1 & (\tilde{q}_i \leqslant 0.9q_{0i}) \\ \dfrac{\max \tilde{q}_i - \tilde{q}_i}{\max \tilde{q}_i - \min \tilde{q}_i} & (0.9q_{0i} < \tilde{q}_i \leqslant 1.1q_{0i}) \\ 0 & (1.1q_{0i} \leqslant \tilde{q}_i) \end{cases} \tag{25.8}$$

其中，$\tilde{q}_i = [q_{0i}, 0.1q_{0i}]$。

于是得到模糊约束集

$$\tilde{A} = \tilde{A}_1 \bigcap \tilde{A}_2 \tag{25.9}$$

可以计算出总平均收益率 $\tilde{R}$ 的最优解为 $\tilde{R}_{\max} = 0.2950$，对应此时的总风险损失率为 $\tilde{Q}_{\max} = 0.0223$；而总风险损失率 $\tilde{Q}$ 的最优解为 $\tilde{Q}_{\min} = 0$，对应此时的总平均收益率为 $\tilde{R}_{\min} = 0.0550$。

根据以上结果，分别选取伸缩指标

$$d_3 = \tilde{R}_{\max} - \tilde{R}_{\min} = 0.2400 \tag{25.10}$$

$$d_4 = \tilde{Q}_{\max} - \tilde{Q}_{\min} = 0.0223 \tag{25.11}$$

相应地，构造各自的模糊目标集。隶属函数分别为

$$\tilde{G}_1(x) = \begin{cases} 0 & \left(\sum_{i=0}^{n}(1+\tilde{r}_i)x_i - M \leqslant \tilde{R}_{\max} - d_3\right) \\ \dfrac{1}{d_3}[\sum_{i=0}^{n}(1+\tilde{r}_i)x_i - M - \tilde{R}_{\max} + d_3] & \left(\tilde{R}_{\max} - d_3 < \sum_{i=0}^{n}(1+\tilde{r}_i)x_i - M \leqslant \tilde{R}_{\max}\right) \\ 1 & \left(\tilde{R}_{\max} < \sum_{i=0}^{n}(1+\tilde{r}_i)x_i - M\right) \end{cases} \tag{25.12}$$

$$\tilde{G}_2(\boldsymbol{x})=\begin{cases}1 & \left(\max_{1\leqslant i\leqslant n}\tilde{q}_i x_i\leqslant\tilde{Q}_{\min}\right)\\[2mm]1+\dfrac{1}{d_4}\Big(Q_{\min}-\max_{1\leqslant i\leqslant n}\tilde{q}_i x_i\Big) & \left(\tilde{Q}_{\min}<\max_{1\leqslant i\leqslant n}\tilde{q}_i x_i\leqslant\tilde{Q}_{\min}+d_4\right)\\[2mm]0 & \left(\tilde{Q}_{\min}+d_4<\max_{1\leqslant i\leqslant n}\tilde{q}_i x_i\right)\end{cases}\tag{25.13}$$

因此，综合模糊目标集可表示为

$$\tilde{G}=\tilde{G}_1\bigcap\tilde{G}_2\tag{25.14}$$

在基于模糊规划的风险投资问题中，约束条件和目标函数都对最优解的取值有着重要的影响。当目标函数和约束条件同等重要时，此时构造的模糊规划模型称为对称型模糊规划模型。

对于对称型模糊规划模型，模糊优越集 $\tilde{D}(\boldsymbol{x})$ 为模糊目标集 $\tilde{G}(\boldsymbol{x})$ 和模糊约束集 $\tilde{A}(\boldsymbol{x})$ 的交集，即

$$\tilde{D}=\tilde{A}\bigcap\tilde{G}\tag{25.15}$$

为了求得模糊最优解 $\boldsymbol{x}^*$，引入模糊优越集的最大值 λ：

$$\lambda=\tilde{D}(\boldsymbol{x}^*)=\max\tilde{D}(\boldsymbol{x})\tag{25.16}$$

则 λ 满足

$$\begin{cases}\lambda\in[0,1]\\\tilde{A}\geqslant\lambda\\\tilde{G}\geqslant\lambda\end{cases}\tag{25.17}$$

将隶属函数代入式（25.17），可得

$$\begin{cases}\dfrac{1}{d_3}\left[\sum_{i=0}^{n}(1+\tilde{r}_i)x_i-M-\tilde{R}_{\max}+d_3\right]\geqslant\lambda\\[3mm]1+\dfrac{1}{d_4}(\tilde{Q}_{\min}-\max_{1\leqslant i\leqslant n}\tilde{q}_i x_i)\geqslant\lambda\\[3mm]\dfrac{\tilde{r}_i-\min\tilde{r}_i}{\max\tilde{r}_i-\min\tilde{r}_i}\geqslant\lambda\\[3mm]\dfrac{\max\tilde{q}_i-\tilde{q}_i}{\max\tilde{q}_i-\min\tilde{q}_i}\geqslant\lambda\\[3mm]x_i\geqslant0\end{cases}\qquad(i=0,1,\cdots,n)\tag{25.18}$$

根据最大隶属度原则，可以求解出此时的 λ 和 $\boldsymbol{x}^*$。不妨令资金 $M=1$，解得 $\max\lambda=0.7246$。此时对应的 $x_0^*=0, x_1^*=0.2730, x_2^*=0.4550, x_3^*=0.1241, x_4^*=0.1226$，为该双目标模糊规划模型的解。

25.3.4 结果分析

按照以上双目标模糊规划模型的解，即可整合出在风险和收益同等重要的条件下的投资方案。

在解决问题过程中，适当调整 d_3 和 d_4 可以改变平均收益率和风险损失率对最终收益与风险的影响程度，从而得到不同类型的投资方案。

通常情况下，将投资者分为五种类型：平衡型、温和型、保守型、自信型和进取型。接下来针对这五种类型投资者的心理，计算并总结出了与之对应的最佳方案。

具体方案如表 25.1 所示。

表 25.1 针对五种投资者的投资方案和相关信息

投资组合	平衡型	温和型	保守型	自信型	进取型
d_3	0.2400	2.4000	24.0000	0.2400	0.2400
d_4	0.0223	0.0223	0.0223	0.2228	2.2277
x_0	0	0.6779	0.9595	0	0
x_1	0.2730	0.0765	0.0096	0.7779	0.9633
x_2	0.4550	0.1275	0.0160	0.2101	0.0265
x_3	0.1241	0.0348	0.0044	0	0
x_4	0.1226	0.0736	0.0092	0	0
λ	0.7246	0.9228	0.9903	0.9214	0.9903
收益率	0.2289	0.1097	0.0619	0.2761	0.2927
损失率	0.0061	0.0017	0.0002	0.0175	0.0217

如表 25.1 所示，通过对双目标模糊规划模型的建立和求解，得到了适合五种类型投资者的投资组合方案。

25.4 总   结

考虑平均收益率和风险损失率两个模糊变量对最终收益与风险的影响，选择建立双目标模糊规划模型。根据最大隶属度原则将模糊线性规划转化为普通线性规划，从而得到最优方案。根据投资者的不同类型，整合出适用于五种类型投资者的投资组合方案，以期实现投资者满意程度的最高化和收益的最大化，体现了模型的实用性。

参 考 文 献

冯立伟，2011. 热传导方程几种差分格式的 Matlab 数值解法比较[J]. 沈阳化工大学学报，25（2）：179-182，191.

何文平，封国林，董文杰，等，2004. 求解对流扩散方程的四种差分格式的比较[J]. 物理学报，10：3258-3264.

刘儒勋，1994. 差分格式余项效应分析及格式的改造和优化[J]. 中国科学技术大学学报（3）：271-276.

任仲贤，2018. 大型民机飞行管理系统仿真研究[D]. 南京：南京航空航天大学.

戎汉中，2017. 面向组合优化问题的粒子群算法的研究[D]. 南京：南京邮电大学.

史策，2009. 热传导方程有限差分法的 Matlab 实现[J]. 咸阳师范学院学报，24（4）：27-29，36.

唐见兵，2009. 作战仿真系统可信性研究[D]. 长沙：国防科学技术大学.

王礼广，蔡放，熊岳山，2008. 五对角线性方程组追赶法[J]. 南华大学学报（自然科学版）（1）：1-4.

杨健，2016. 无人机集群系统空域冲突消解方法研究[D]. 长沙：国防科学技术大学.

杨健，钟紫凡，杨少博，2018. 基于空间映射的异构无人机在线冲突消解算法[J]. 指挥与控制学报（3）：226-233.

余胜威，2014. MATLAB 数学建模经典案例实战[M]. 北京：清华大学出版社.

张进峰，杨涛宁，马伟皓，2019. 基于多目标粒子群算法的船舶航速优化[J]. 系统仿真学报，31（4）：787-794.

赵文智，2006. 提高民航安全性的研究[D]. 天津：天津大学.

周琨，2012. 航空公司航班运行调度模型与算法研究[D]. 南京：南京航空航天大学.

MNIH V，KAVUKCUOGLU K，SILVER D，et al.，2015. Human-level control through deep reinforcement learning[J]. Nature，518（7 540）：529.